고추장 처음 교과서

전통 고추장 12가지&고추장 요리 50가지 만들기

고추장 처음 교과서
–전통 고추장 12가지& 고추장 요리 50가지 만들기

1판 1쇄 인쇄일 2018년 10월 20일
1판 1쇄 발행일 2018년 10월 30일

지은이 황윤옥 · 정안숙
그린이 이희진
표지 · 본문 디자인 이희진
마케팅 김정희

펴낸이 권성자
펴낸곳 도서출판 아이북 | 임프린트 도서출판 책밥풀
주 소 04016 서울 마포구 희우정로 13길 10-10, 1F 도서출판 아이북
전 화 02-338-7813~7814
팩 스 02-6455-5994
출판등록번호 10-1953호 등록일자 2000년 4월 18일
이메일 ibookpub@naver.com

ISBN 978-89-89968-36-8 13590

값 16,800원

고추장 처음 교과서

전통 고추장 12가지&
고추장 요리 50가지 만들기

황윤옥 · 정안숙 지음

책밥풀

차례

3장 12가지 전통 고추장을 만나볼까요

4장 고추장 요리를 만들기 전에 미리 살펴보세요

5장 고추장 요리를 시작해요

고추장 요리 50가지

정말 맛있는 요리는 '장맛'에서 나온다네요

"건강한 집밥을 먹자."

제가 강의실에서, 집에서 그리고 지인들에게 입버릇처럼 하는 이야기입니다. 손수 지어먹는 집밥이야말로 최고의 건강한 음식이라는 믿음 때문입니다. '건강한 음식이 인생을 행복하게 한다'는 신념에서 저는 20여 년 동안 요리 연구와 강의를 해왔습니다. 그 과정에서 한국 밥상의 근간이라고 할 수 있는 '장'의 중요성을 체감하면서 늘 뭔가 부족하다는 것을 느꼈습니다. 정작 제가 강조하던 '집밥'에서 우리의 전통장은 제자리를 잡지 못하고 있었습니다.

같은 방법으로 요리하더라도 양념을 할 때 어떤 고추장, 어떤 된장, 어떤 간장을 썼는지에 따라 그 맛이 너무도 다릅니다. 장이 맛있으면 부족한 재료로도 특별한 맛을 낼 수 있고 근사한 요리를 만들어 낼 수 있다는 것을 점점 더 절실하게 느끼고 있습니다.

제 밥상은 제 손으로 담근 전통장으로 차려지지만, 정작 제가 가르치는 조리학과 실습실에서는 전통장으로 맛을 낼 수 없는 게 현실이었습니다. 조리학과의 학생들이 우리의 장맛을 모른다는 것은 참으로 안타까운 일입니다. 그래서 고추장 만들기라도 함께해야겠다는 일념에 고추장 수업을 기획해서 고추장도 만들어 보고, 학생들이 창의적으로 고추장을 DIY해 보는 프로젝트를 수행했습니다. 예상외로 다양한 맛, 다양한 종류의 고추장을 만들어 내는 기특함에 마음 뿌듯했지요.

저는 그동안 전통장에 대한 공부를 하기 위해 정말 여러 곳에 배우러 다니고 다양한 시도를 해왔습니다. 전통장을 쉽게 만드는 법

을 가르쳐서 요리를 연결해보고 싶은 마음이 생겼습니다. 그때 마침 같은 생각을 가진 좋은 분들을 만났습니다. 우리는 좀더 많은 사람이 전통장을 쉽게 만들 수 있고 직접 만든 장으로 음식을 할 수 있게 하자는 취지로 자료 수집과 실습을 거듭하였습니다. 그리고 그 첫걸음을 '고추장'으로 정했습니다.

고추장을 포함하여 된장과 간장은 우리나라 음식의 맛을 내는 기본양념입니다. 특히 전통 고추장은 좀 투박하지만 깊은 맛을 냅니다. 이런 고추장의 칼칼하고 매콤한 맛은 한식을 넘어 일식, 중식, 양식 등 세계 어느 나라 음식에도 잘 어울리지요. 세계에서도 주목받는 전통장을 쉽게 또 자신만의 맛을 찾도록 다양하게 만들고, 한 걸음 더 나아가 그 장으로 요리하는 방법을 넣어 맛있는 요리로 완성하기를 바랐습니다.

〈고추장 처음 교과서〉에 이런 마음을 담아내고자 내가 만들고 싶은 고추장의 양을 재료의 비율로 계산하여 내 입맛에 맞는 고추장을 만들고 '내 손으로 만든 고추장'으로 '내 밥상'을 차릴 수 있게 고추장을 이용한 요리 50가지를 기본부터 쉽고 차근차근 5단계로 나눠서 엮었습니다.

제가 가르치는 현장에서 이미 느끼고 경험한 바대로 독자들에게도 이런 기획 의도가 전달되기를 간절히 바랍니다.

집마다 그 집만의 특별한 고추장으로 맛을 낸 건강한 집밥 밥상이 차려진다면 세계적으로도 주목받고 있는 우리의 발효 식문화가 후대로 자연스럽게 이어지겠지요. 〈고추장 처음 교과서〉를 계기로 더 젊은 세대들에게 우수한 발효 식문화의 전통을 이어줄 수 있다면 더이상 바랄 게 없습니다. 〈고추장 처음 교과서〉로 시작한 이 여정이 전통장으로 입문하는 첫걸음이 되어 다양한 별미장의 세계로 쭉 이어지길 기대해 봅니다.

끝으로 이 한 권의 책을 만드는 여정에 동행이 되어준 정안숙 선생님과 20대의 젊은 감성을 담아준 일러스트레이터 이희진 씨에게 이 자리를 빌려 감사의 마음을 전합니다.

2018년 초가을 수라원에서

황윤옥

무궁무진한 발효의 세계로 들어오세요.
첫걸음을 고추장 만들기부터…

늘 엄마가 만든 고추장, 된장으로 맛을 낸 음식에 길들여져 살았습니다. 어릴 적부터 자취생활에 익숙했어도 '나'의 밥상은 항상 전통장으로 맛을 낸 집밥이었습니다. 그러다 갑작스런 엄마의 부재로 '나'의 밥상을 지키려는 첫걸음은 자연스럽게 고추장 만들기에서 시작되었습니다. 평소에 늘 하던 대로 다양한 자료를 모아서 고추장을 만들려고 했을 때 닥친 어려움은 이루 말할 수 없었습니다.

지인에게 얻은 요리방법대로 만든 첫 고추장은 감당할 수 없을 만큼 달아서 입에 맞지 않았고, 어떻게 맛을 조절해야 할지 몰라서 당황스러웠습니다. 자료를 모을 수 있을 만큼 모아서 고추장 만드는 방법을 '독학'하기로 마음먹었습니다. 하지만 자료를 모을수록 갈피를 잡을 수 없이 많은 고추장의 종류며 자료마다 제각각인 재료의 배합비율이 정말 난감하기 그지없었습니다.

지금 되돌아보면 전통장 가운데 가장 만들기 쉽다고 하는 고추장이 사실 가장 어려운 '전통장'이었다는 걸 새삼 느낍니다. 좀더 많은 사람이 고추장을 쉽게 만들 수 있도록 책을 써보자는 취지로 전통장 공부를 계기로 알게 된 지인들이 의기투합했고, 실습에 들어갔습니다. 그 과정에서 재료가 한두 가지 더 있다는 이유만으로도 만드는 방법이 가지를 치면서 복잡 다양해지는 놀라운 현상을 보기도 했습니다. 발효 식문화 가운데 가장 뒤늦게 탄생한 고추장은 전통장 가운데서도 가장 다채로

운 발효식품이었던 것입니다.

이론과 실전은 늘 시소처럼 균형을 잡아가면서 깊어지기에 모은 자료들을 열심히 '혼자서', 발효에 뜻을 둔 지인들과 '함께' 만드는 시간을 제법 오래 가졌습니다. 그 오랜 시간 덕분에 이제는 들어가는 재료만 보고도 어떻게 만들었을지 대충은 감을 잡을 수 있을 정도가 되기는 했지만, 시행착오도 제법 많이 거쳤습니다. DIY의 가능성이 워낙 폭넓은 고추장은 자기 입맛에 딱 맞는 '나만의 고추장' 만들기에는 정말 무궁무진한 발효의 세계입니다.

한번 빠지면 헤어나오기 힘든 매력을 발산하지만, 처음 고추장을 만들기 시작했던 목적에는 아직 도달하질 못하고 있네요. 엄마의 손맛을 찾아 언제쯤 목적지에 도착할 수 있을지 아직도 가늠되지는 않습니다.

고향인 제주도는 된장에 바탕을 둔 식문화를 갖고 있습니다. 언젠가 방송에 나온 대로 된장에 수박을 찍어 먹은 적은 없지만, 냉국과 물회는 갖은양념을 한 생된장으로 맛을 냈고, 그런 음식이 가장 제 입에 맞는 고향의 집밥입니다. 고추장은 채소나 회, 데친 물미역을 찍어 먹는 게 고작이지만, 비빔밥과 비빔국수에 필요한 전통 발효양념이었습니다.

이렇듯 밥상에서 쓰임새는 얼마 안 되지만, 매운맛 폐인인 저에게는 밥상에서 절대적인 지위를 장악하고 있는 고추장입니다. 이런 고추장으로 다양한 음식을 만들 생각은 하지도 못하고 있다가 황윤옥 선생님 덕분에 고추장 요리의 새로운 세계를 만날 수 있었습니다. 고추장찌개도 제주도 출신인 저한테는 사실 '육지' 올라와서 처음 접한 신세계의 맛이었답니다. 찌개 하나에도 무엇을 넣고 끓이느냐에 따라 다양한 맛을 느낄 수 있었던 건 정말 즐거운 경험이었습니다. 더 나아가 찌개 말고도 고추장으로 만들 수 있는 밥상이 무궁무진하다는 사실을 몇 년 동안의 공동 작업 속에서 깨달아가며 고추장의 매력에 더 푹 빠져들었습니다.

우리의 발효 식문화, 우리의 밥상을 이루는 천연 발효양념만이라도 '나'의 손으로 직접 만들려는 모색이 〈고추장 처음 교과서〉라는 한 권의 책으로 결실을 맺어서 정말 기쁩니다. 책은 다른 사람들과 공유하는 색다른 경험이고 소통이기에 더욱 기대됩니다.

고추장에 이어서 된장, 간장, 청국장으로 가야 할 길이 더 많이 남아 있지만, 앞으로 펼쳐질 여정도 한껏 기대가 됩니다.

2018년 초가을 장독대를 바라보며
정안숙

뚝딱 1시간!!

고추장 만들기에서 요리까지

내 손으로 고추장을 만들어보고 싶지만, 너무 어렵게 느껴지시나요?
쉽게 고추장 만드는 방법을 알려드릴까요? 너무 어렵게 생각하지 않아도 된답니다.
몇 가지 도구와 딱 다섯 가지 재료만 있으면 고추장을 뚝딱 만들 수 있어요.

고추장 만들 때 필요한 도구를 챙겨요

고추장 만들기에 필요한 도구를 미리 챙겨요.
유리병, 스텐 볼과 알뜰주걱은 미리 잘 씻어서 물기 없이 바짝 말려두세요.

유리병

스텐 볼 또는 냄비

알뜰주걱

저울

계량컵

도구들이 모두 필요하지만
계량컵이 없을 때는 종이컵을 사용하는 등
있는 도구들을 알맞게 사용하세요.

고추장 재료는 딱 다섯 가지만 준비해 봐요

고운 고춧가루 100g

고운 메줏가루 50g

볶은 소금 50g

조청 200g

생수 200g

고추장은 매운맛, 짠맛, 단맛,
감칠맛 나는 전통장이에요.
각각의 맛을 내는 재료들을 섞어 발효하면
감칠맛이 도는 고추장이 돼요.

도구와 재료가 준비되었다면
이제 고추장을 만들어볼까요?

1 스텐 볼에 조청 200g, 생수 200g을 넣고 조청이 잘 풀리게 알뜰주걱으로 저어주세요.

2 볶은 소금 50g을 넣고 잘 녹여주세요.

소금이 제대로 녹지 않으면 고추장이 상할 수 있어요.

3 고운 메줏가루 50g을 체로 쳐가면서 넣고 잘 섞어요.

4 고운 고춧가루 100g을 체로 쳐가면서 넣고 잘 섞어요.

5 모든 재료가 고루 다 섞였으면 알뜰주걱으로 깔끔하게 긁어서 준비된 유리병에 넣어요.

발효를 위해 유리병의 70% 정도만 담으세요.

체로 내리면서 넣어야 멍울지지 않고 고루 잘 섞여요.

고추장을 만들고 나니 어떠세요? 생각보다 그리 어렵지 않지요. 전통 고추장 중에서 엿고추장은 조청만 있으면 어렵지 않게 뚝딱 만들 수 있어요. 고추장 600g은 밥숟가락으로 한가득 떠서 30번 넘게 나오는 양이니 찌개 · 볶음 · 떡볶이 등 몇 가지 음식을 충분히 만들어볼 수 있어요.

고추장이 들어가는 음식을 만들어 보면 나의 입맛에 맞는 것은 어떤 고추장일지 감이 와요. 매운맛을 조절하고 싶으면 고춧가루를, 메주 냄새가 많이 난다 싶으면 메줏가루를, 단맛을 줄이거나 늘리고 싶으면 조청의 양을 조절해서 내 입에 맞는 고추장을 만들 수 있어요. 짠맛도 어느 정도는 조절할 수 있지만 지금 만들어본 것은 저염 고추장을 선호하는 요즘 추세에 맞춰서 상당히 낮게 잡았답니다. 아주 넉넉하게 만들어서 발효시키려면 발효 환경에 따라 짠맛은 더 늘려야 할 수도 있어요.

고추장찌개를 만들어봐요

내 손으로 만든 고추장이 마트에서 파는 고추장이랑 어떻게 맛 차이가 날지 궁금하지 않으세요? 그렇다면 간편한 음식 하나 만들어 볼까요? 고추장찌개를 만들면 공장에서 대량생산되는 고추장과 금방 만든 전통 고추장의 맛 차이가 확연히 느껴질 거예요.

요리가 서툰 사람도 할 수 있도록 간단한 재료로 고추장찌개를 끓여봤어요. 살림살이가 제대로 없는 자취생도 해볼 만한 레시피가 되었나요? 별다른 재료가 안 들어가서 고추장의 맛을 단박에 느낄 수 있는 초간단 고추장찌개 맛은 어떤가요?

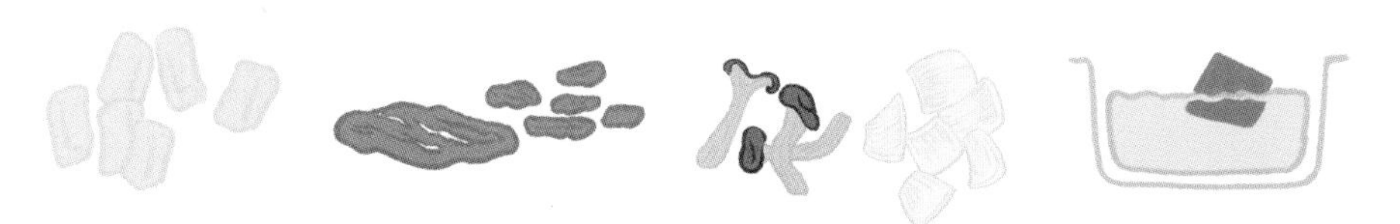

두부는 2×3㎝크기로 도톰하게 썰어 놓아요.

소고기는 납작납작하게 썰어 놓아요.

느타리버섯은 가닥가닥 찢고 양파는 두부 크기로 굵게 썰어요.

다시마육수를 준비해요.

1 소고기에 참기름을 넣어 볶다가 다시마육수, 고추장을 넣고 끓여요.

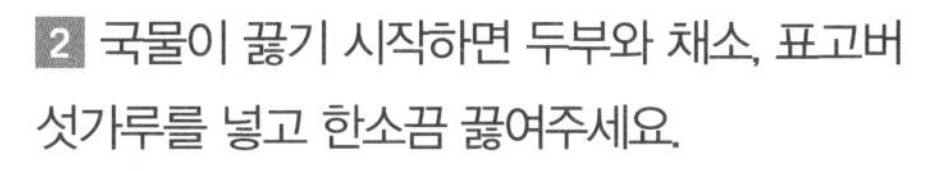

2 국물이 끓기 시작하면 두부와 채소, 표고버섯가루를 넣고 한소끔 끓여주세요.

3 국물 맛이 우러나면 어슷썰기한 청홍고추와 대파를 넣어요.

4 간이 싱거우면 고추장으로 맞추세요. 국물이 매우면 대신 한식간장으로 간을 맞추세요.

이제부터 가장 기본이 되는 고추장부터 응용한 고추장까지 모두 12가지 고추장을 만들어보는 긴 여행을 떠날까 해요. 그리고 그 고추장으로 50가지의 다양한 요리도 만들어봐요!!

우리나라 전통장 가운데 가장 복합적인 맛을 지닌 것이 고추장이에요.

고춧가루가 들어가서 매운맛을 내고 소금이 들어가서 짠맛을 내요.

메주가 들어가서 감칠맛을 내고요.

고추장의 단맛은 매운맛과 짠맛에 숨어 있지만 전통장 가운데 가장 강해요.

발효를 거치면서 복잡미묘한 다양한 맛들이 생겨나는 발효 조미료 고추장!

재료의 배합비율에 따라, 발효와 숙성에 따라

어떻게 달라지는지 살펴봐요.

1

고추장이란 무엇인가요

1. 맛으로 보는 고추장

전통적으로 고추장에는 오미, 즉 다섯 가지 맛이 담겨 있어요. 오미는 갖가지 맛이 다 담겼다는 의미이기도 해요. 고추장에 들어가는 재료 때문에 매운맛, 짠맛, 단맛이 돌고 발효를 거치면서 콩 단백질의 감칠맛과 각종 유기산의 맛이 절로 생겨나지요.

매운맛

음식의 매운맛을 내는 양념은 고춧가루 · 산초 · 후추 등의 향신료와 고추 · 마늘 · 양파 · 대파 · 쪽파 · 실파 등의 향신채예요. 여기에 발효 조미료인 고추장이 추가되는데, 들어가는 재료도 다양한 고추장은 매운맛 양념 가운데 가장 복합적인 맛을 내요.

고추장의 매운맛은 고추의 캡사이신 성분 때문이에요. 캡사이신은 체액분비 촉진, 식욕 증진, 혈액순환 촉진, 비만 억제, 스트레스 해소, 항암, 항돌연변이, 항균 작용을 하는 강력한 생리활성물질이에요. 게다가 발효과정에서 방부력을 높이는 역할을 톡톡히 한답니다.

감칠맛

고추장의 감칠맛은 콩 단백질이 발효되면서 생겨나는 맛이에요. 단백질이 발효되면서 아미노산으로 분해되면 소화 흡수도 쉽고 감칠맛이 강해져요. 감칠맛은 짠맛과 만나면 상승효과가 생겨서 적게 들어가도 더 짜게 느껴지지요. 그래서 소금보다 간장, 된장, 고추장으로 간을 맞추도록 권하는 이유이기도 해요.

단맛

곡물이 발효되면서 단맛이 나요. 메주에 들어앉은 곰팡이를 비롯한 각종 발효 미생물이 곡물의 탄수화물을 소화되기 쉬운 당으로 바꿔요.

전통적으로 고추장을 만드는 재료로는 쌀 · 찹쌀 · 보리 · 밀 · 수수 등의 곡물과 고구마 · 호박 등의 채소, 감 · 대추 등의 과일이에요. 각 재료가 가진 단맛의 성질이 달라서 고추장의 단맛에도 영향을 끼칠 수밖에 없어요. 맛과 향, 질감에서 생기는 미묘한 차이가 전통 고추장의 다채로운 변주를 만들어내요. 그리고 발효를 거치면서 콩에 들어 있는 천연 대두 올리고당도 건강한 단맛을 끌어내지요.

짠맛

고추장의 짠맛은 소금에서 비롯해요. 소금은 생리조절 기능을 하기 때문에 생명을 유지하기 위해서 꼭 섭취해야 해요. 하지만 소금의 독성도 제법 자주 거론되는 화두예요. 그래서 소금을 건강하게 섭취하는 방법으로 발효가 주목받고 있어요. 발효식품을 만들 때 소금은 나쁜 미생물을 억제하고 부패를 방지하는 중요한 역할을 하지요.

고추장은 발효식품이기 때문에 건강하게 소금의 짠맛을 즐길 수 있어요. 고추장의 짠맛은 같은 전통장인 된장, 간장에 비해 강하지 않아요. 단맛이 강해서 짠맛을 누르고 있기도 하지만 단맛을 내는 재료가 대량으로 들어가서 소금이 적어도 잘 상하지 않기 때문이에요.

2. 재료로 보는 고추장

고추장을 이루는 각각의 맛은 들어가는 재료에서 비롯해요. 이번에는 고추장을 만들기 위해서 어떤 재료를 구해야 하는지 알아볼 거예요. 고추장의 매운맛은 고추에서 나오지만 어떤 고춧가루를 어디에서 어떻게 구해야 하는지 알아야 해요. 메주도 고추장용 메줏가루는 된장이나 막장에 들어가는 것과 달라요. 고추장 만들기에 필요한 재료를 알아보기로 해요.

고운 고춧가루

고추장의 매운맛은 고춧가루가 들어가기 때문이에요. 고추장은 된장과는 달리 아주 곱고 매끄러운 질감을 갖고 있어요. 이런 고추장의 질감은 곱게 갈린 고춧가루가 만들어내요. 고추장을 만들려면 고운 고춧가루를 구해야 해요. 고운 고춧가루는 재래시장이나 대형 슈퍼마켓에서 구할 수 있어요. 건고추 상태라면 방앗간에서 고추장용으로 빻아달라고 하세요.

고추장을 담그고 남은 고운 고춧가루는 밀봉해서 1년 동안 냉동 보관할 수 있어요. 냉동실 속 온갖 식재료의 냄새가 밸 수 있기 때문에 지퍼백에 넣었더라도 깨끗한 밀폐용기에 한 번 더 갈무리해서 보관하는 게 좋아요. 묵은 고춧가루를 쓰면 고추장에 쓴맛이 돌기 때문에 되도록 신선한 고춧가루를 장만해야 해요. 그래서 쓰다 남은 고춧가루는 1년 이내에 사용하는 게 좋아요.

고운 메줏가루

고추장에 들어가는 메줏가루는 감칠맛을 담당해요. 고추장을 만들 때 메줏가루도 고춧가루처럼 고운 것을 넣어야 해요. 그래서 고추장용 메줏가루라고 적힌 제품을 구입해야 한답니다. 콩으로만 쑨 메주를 고추장용이나 막장용으로 달리 가공해서 판매해요. 그러나 막장용 메줏가루는 입자가 굵고 수분이 많아요. 가정용 믹서로는 고추장용으로 곱게 갈 수가 없으니 고추장용 메줏가루로 잘 골라야 해요. 사용하고 남은 메줏가루도 밀봉해서 냉동 보관해요.

원래 전통적으로 고추장용 메주는 된장, 간장을 만드는 메주와는 다르게 만들어요. 가장 흔한 고추장용 메주는 보통 삶은 콩에 백설기를 섞어서 도넛 모양으로 작게 만들어요. 쌀 이외의 다른 곡물을 섞어서 메주를 만드는 경우도 간혹 있어요. 전통방식대로 고추장 전용으로 만든 메주를 구하기는 그리 쉽지 않고, 간혹 온라인이나 지방 생협에서 찹쌀샘이나 밀샘, 고추장용 보리메주라는 이름으로 판매되기는 합니다. 고추장용 메줏가루는 콩 100%가 가장 흔해요. 곡물 섞인 고추장용 메줏가루 제품은 귀하답니다.

곡물 및 과채류, 엿기름

가장 흔하고 기본이 되는 전통 고추장에서는 곡물이 발효되면서 단맛을 내요. 메주에 들어앉은 각종 미생물이 곡물의 탄수화물을 당으로 바꿔주지요. 궁중 고추장에는 엿기름을 쓰지 않았다고 해요.

엿기름을 쓰지 않고 만드는 고추장이 더 오래된 전통방식이에요. 엿기름이 들어간 고추장은 곡물의 단맛을 끌어내기 위한 간편 고추장을 만드는 방법으로 비교적 뒤늦게 등장했답니다.

어떤 곡물이 좋은가요

사람마다 체질이 다르고 입맛도 달라요. 자기 몸에 필요한 곡물로 만들면 오로지 나만의, 우리 집만의 특별한 DIY 고추장이 된답니다. 곡물마다 나름의 효능이 있어요. 그런 까닭에 어떤 곡물이 제일 좋다고 할 수 없답니다. 그렇다면 우리 조상들은 어떤 곡물로 고추장을 만들었는지 한번 들여다볼까요? 전통적으로 쌀 · 찹쌀 · 보리 · 밀 · 수수 등의 곡물을 써서 고추장을 만들었어요. 곡식이 귀한 곳에서는 고구마나 호박을 이용해서 만들기도 하고 대추 · 감 등의 과일을 활용하기도 했어요.

엿기름은 왜 필요한가요

엿기름은 보리를 싹틔워서 말린 걸 말해요. 엿길금 · 길금 · 질금 등 정겨운 사투리로 불리기도 하지요. 엿기름을 만드는 곡물은 보리가 대표적이지만 간혹 말려둔 옥수수 알갱이로도 엿기름을 만드는데 보리 엿기름보다 달아요.

곡물이 싹틀 때 나오는 효소가 탄수화물을 당으로 분해하는 데 탁월한 효과가 있어요. 우리 선조들은 그 원리를 이용해서 곡물을 당화하는 엿기름을 전통장뿐만 아니라 식혜나 조청, 엿, 식해 같은 발효식품을 만들 때 활용해 왔어요.

물엿과 조청은 어떻게 다른가요

주변에서 물엿을 넣고 고추장을 만드는 걸 흔히 볼 수 있어요. 그런 까닭에 물엿과 조청이 어떻게 다른지 궁금해하는 사람도 당연히 생기고요. 물엿을 만드는 방법은 다양해요. 대표적으로 맥아 물엿과 산당화 물엿이 있어요. 맥아 물엿은 양조간장, 산당화 물엿은 산분해 간장과 같다고 생각하면 이해하기 쉬워요.

맥아 물엿은 조청을 만드는 방법과 비슷해요. 물엿의 식품 성분표시를 봐서 맥아가 포함되어 있으면 맥아(엿기름)로 만든 물엿이에요. 다만 조청은 일반적으로 쌀을 원료로 만든 데다 정제를 거치지 않기 때문에 갈색을 띠고 있고, 맥아 물엿은 옥수수를 원료로 만들고 정제해서 색깔이 투명해요. 정제를 거치지 않은 맥아 물엿은 황물엿이라는 상품명으로 팔기도 해요.

엿기름은 어떻게 구하나요

엿기름은 재래시장에서 손쉽게 구할 수 있고, 온라인 구매도 할 수 있어요. 엿기름을 가는체로 쳐서 엿기름가루만 쓰기도 하고, 곱게 간 엿기름가루를 판매하기도 해요. 엿기름이 들어가는 고추장을 좀더 간편하게 만들고 싶다면 고운 엿기름가루를 구하면 한결 쉬워져요.

소금

고추장의 짠맛은 소금에서 나와요. 전통장에서 소금은 중요해요. 고추장을 만들 때 일반적으로 천일염을 쓰지요. 보통은 3년 이상 간수를 빼서 보송보송한 천일염을 권장해요. 3년 묵은 천일염을 구하는 게 쉬운 일은 아니고, 가격도 제법 비싸요. 알갱이가 굵은 천일염도 곱게 갈아서 쓰면 신기하게도 소금 맛이 한결 부드러워져요. 천일염 이외에도 다양한 소금을 넣을 수 있어요. 소금의 종류에 따라서 고추장의 짠맛도 풍미를 달리한답니다.

천일염

바닷물을 가둬서 햇볕과 바람으로 만드는 소금이에요. 천일염은 염전 바닥의 소재에 따라 장판염, 타일염, 옹판염, 토판염이 있어요. 우리나라 천일염의 염도는 약 88%예요.

자염

바닷물을 끓여서 만든 소금이에요. 전통방식의 소금은 원래 자염이에요. 자염으로 고추장을 만들면 맛이 부드러워요.

용융염(태움염)

천일염에 열을 가해서 가공한 소금이에요. 가열 온도나 천일염을 구울 때 담는 그릇에 따라 이름이 달라져요. 천일염에 열을 가하면 소금 맛이 순해지고 장맛도 부드러워요. 볶은 소금, 구운 소금, 죽염, 도자기염, 황토옹기염 등이 있어요.

✱ 꽃소금

천일염을 깨끗한 물에 녹여 불순물을 제거하고 다시 가열하여 만들어요. 소금 결정이 눈꽃 모양이라서 꽃소금이라고 불리고, 염화나트륨 성분이 88%예요.

✱ 정제염과 맛소금

바닷물을 이온 수지막에 통과시켜 불순물과 중금속 등을 제거하고 얻어낸 순도 높은 염화나트륨의 결정체예요. 정제염도 발효는 되지요. 된장 연구의 결과지만 소금의 종류에 따라 항암 능력에 차이가 있는데, 정제염이 가장 낮아요. 정제염은 염화나트륨 성분이 99% 이상이라 고추장을 담글 때 소금의 양을 줄여야 해요. 맛소금은 정제염에 MSG를 섞은 소금으로 고추장을 만들 때는 쓰지 않아요.

 물

고추장의 재료를 준비해서 섞기만 한다고 바로 고추장이 되지는 않아요. 물은 고추장의 여러 가지 재료를 섞어줄 뿐만 아니라 발효에 도움이 되는 미생물의 생장에 중요한 역할을 해요. 물의 양이 많으면 미생물들은 더 활발하게 움직인답니다. 고추장을 너무 질척하게 만든 데다 싱겁기까지 하면 고추장이 시어져서 장맛을 버릴 수도 있어요. 이런 까닭에 발효식품인 고추장은 들어가는 물이 중요하고 재료의 배합비율은 딱 맞아야 해요.

고추장을 담글 때 물은 팔팔 끓여서 식힌 물이나 생수를 써야 해요. 된장과 간장을 담글 때는 굳이 물을 끓일 필요가 없지만, 고추장에 들어가는 물은 날물을 그대로 쓰게 되면 상해요. 엿고추장이 아닌 이상 고추장을 만들 때 반드시 끓이는 과정이 있기 때문에 자연스럽게 날물이 들어가지는 않아요. 고추장에 넣는 물은 전통적으로 약초 달인 물이나 엿기름 우려서 달인 물을 넣기도 해요. 그 밖에도 과즙 · 채소즙 등을 넣을 수 있는데 반드시 끓여서 살균된 상태여야 해요.

3. 재료의 배합비율로 보는 고추장 DIY

4가지 맛 성분이 어떻게 조화를 이루느냐에 따라 고추장의 맛이 다 달라요. 그리고 적당한 농도가 발효에도 중요하고 음식을 만들 때도 영향을 미쳐요.

매운맛은 어떻게 조절하나요

음식을 양념할 때 고춧가루가 많이 들어갈수록 매워지기는 하지만, 고춧가루의 함량이 상당히 많은 고추장의 경우는 고춧가루를 많이 넣는다고 매운맛이 강해지지는 않아요. 특별히 매운맛을 원한다면 청양고춧가루를 적당히 섞는 게 좋아요. 고춧가루의 매운맛이 어느 정도인가에 따라 고추장 맛이 달라진답니다.

감칠맛은 어떻게 조절하나요

감칠맛은 식재료에 들어 있기도 하지만 고추장에서는 메줏가루가 발효되면서 내는 맛이에요. 메줏가루를 넉넉하게 넣을수록 감칠맛은 좋아져요. 〈고추장 처음 교과서〉에서는 고춧가루의 절반에 해당하는 양의 메줏가루를 넣어서 2:1의 비율로 만들었어요. 이 비율은 고추장을 만들어서 맛보고 난 다음 자기 취향에 맞게 조절할 수 있어요.

짠맛은 어떻게 조절하나요

짠맛은 소금의 양으로 조절해요. 3kg의 고추장을 만들 때 대략 8%의 염도로 소금 250g을 넣고 만들었어요. 여름철에는 소금의 양을 늘려야 할 수도 있어요. 소금의 양을 50~100g까지 늘리면 대략 10~12% 염도의 고추장을 만들 수 있어요. 시판되는 전통 고추장의 염도가 된장보다 훨씬 들쭉날쭉한 편인데, 12% 염도라면 짠 전통 고추장에 속해요. 고추장은 상온에서 적어도 1달의 발효과정을 거친 다음 냉장고에 들어가야 해서 무턱대고 소금의 양을 줄일 수는 없어요.

단맛은 어떻게 조절하나요

고추장의 단맛은 참으로 복잡미묘해요. 들어가는 곡물의 특징에 따라 아주 달기도 하고 덜 달기도 해요. 찹쌀, 수수, 옥수수, 밀 같은 곡물은 찰기도 있고 단맛도 강한 편이에요. 보리, 귀리, 호밀은 단맛이 덜해요. 그 외에도 기장쌀, 좁쌀 같은 다양한 잡곡이 있어서 곡물의 성질로 단맛을 조절할 수 있어요.

과일이나 채소로 만드는 고추장은 넣는 과일의 단맛과 추가되는 조청의 양으로 단맛을 조절할 수 있어요. 〈고추장 처음 교과서〉에서는 모두 12가지의 다른 단맛을 내는 재료로 고추장을 만들었어요. 각자 만들어보면 자기 입맛에 맞는 단맛을 찾아낼 수 있어요.

같은 곡물을 쓸 경우 곡물의 양과 엿기름의 양이 많아지면 단맛이 강해진답니다. 그리고 뭉근한 불에서 오래 졸일수록 엿기름 속 효소의 작용 때문에 전분이 당으로 많이 전환되어 달아져요. 모두 엿기름으로 만들어도 멥쌀 조청을 넣은 엿고추장이 찹쌀고추장보다 훨씬 달아요. 상식적으로는 멥쌀보다 찹쌀이 달다고 알고 있지만 얼마나 열을 가한 상태인가에 따라 다른 결과가 나오는 셈이에요.

고추장의 적당한 농도를 어떻게 조절하나요

여러 가지 고추장 식혜나 조청잼을 만들다 보면 딱 정해진 양만큼 정확하게 만들지 못할 경우가 있어요. 〈고추장 처음 교과서〉에서 제시한 분량의 고추장 농도가 입맛에 안 맞을 수도 있고요. 그렇다고 물을 추가하면 염도 때문에 문제가 생길 수도 있어요. 이럴 때 짜지는 않고 소량을 넣으면 발효에 도움이 되는 청주로 자기 취향에 맞춰 농도를 조절할 수 있어요.

그리고 가루로 된 재료들은 건조된 상태, 보관 상태에 따라 더 많은 수분이 필요할 때도 있어요. 이럴 때도 가장 좋은 재료가 청주예요. 방부효과를 위해 소주를 넣기도 하지만 쓴맛이 날 뿐만 아니라 아이들에게 좋지 않은 인공감미료가 들어 있기도 하니 피하는 게 좋아요.

고추장은 발효식품이에요.

발효식품을 만들 때의 어려움은 만들자마자 바로 먹을 수 없다는 사실이랍니다.

발효와 숙성이 끝나야 자기 입맛에 맞는지 아닌지도 알 수 있다 보니

어떻게 만들었는지 기록해 두는 습관도 중요해요.

고추장 만들기 전에 준비해야 할 것도 많고 만들고 나서도

기록하고 살펴야 하는 것도 많은 고추장!

어떻게 관리해야 할지 알아봐요.

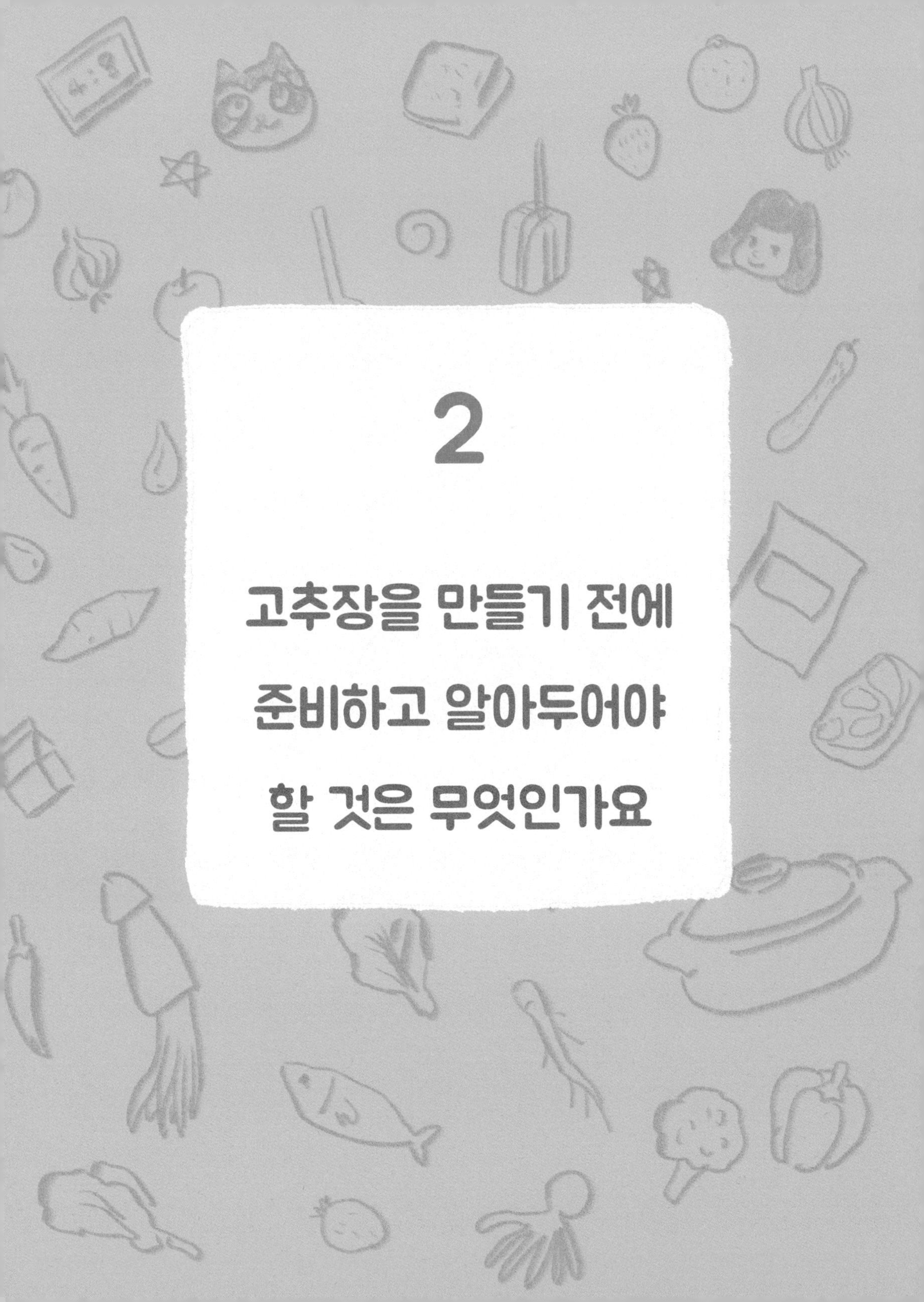

2

고추장을 만들기 전에 준비하고 알아두어야 할 것은 무엇인가요

1. 고추장의 발효와 숙성은 무엇인가요

고추장은 모든 발효식품이 다 그렇듯 발효과정을 거쳐야 해서 만들자마자 바로 먹을 수는 없어요. 앞에서 맛을 이루는 재료들이 어떻게 배합되는지를 살펴봤다면 이제는 고추장을 만들고 나서 어떻게 발효하고 숙성시켜야 하는지를 알아볼 차례예요. 어렵지만 '발효'가 무엇인지, '숙성'이 무엇인지부터 살펴봐요.

발효란

미생물의 효소로 단백질, 지방, 탄수화물 같은 영양분들을 흡수하기 쉽게 더 작게 분해하는 것을 말해요.

발효식품에서 발효가 진행되면 몸에 더 흡수하기 쉬운 상태로 변한답니다. 탄수화물은 더 작은 단위의 당으로, 지방은 지방산으로, 단백질은 아미노산으로 작게 쪼개져요. 발효와 부패는 비슷한 과정이에요. 다만, 분해의 결과로 유용한 물질이 만들어지면 발효라 하고, 악취가 나거나 유해한 물질이 만들어지면 부패라고 해요.

숙성이란

단백질, 지방, 탄수화물 같은 영양분들이 식재료의 자가분해 효소 · 미생물 · 염류(鹽類) 등의 작용으로 부패하지 않고 알맞게 더 작은 덩어리로 분해된 후 각각의 특유한 맛과 향이 새롭게 생겨나는 것을 뜻해요.

숙성에는 발효의 지속이라는 의미도 포함되어 있지만, 미생물의 작용으로 영양분이 분해되지 않는 경우도 포함하기 때문에 발효보다는 숙성이 더 넓은 의미로 쓰여요. 다만, 발효식품의 경우 먹기에 적합해지는 상태까지는 발효라 하고, 그후는 숙성이라고 나누어 볼 수 있어요.

미생물에 의한 가수분해가 진행되는 단계까지가 발효과정이에요. 그후에 다양한 생리활성 성분들이 생화학 반응을 거쳐 유용한 물질로 바뀌면서 풍미가 좋아지는 단계가 숙성과정이라고 할 수 있어요. 술이나 식초가 발효할 때는 발효와 숙성의 경계가 분명한 편이지만, 고추장뿐만 아니라 전통장의 경우 감각적으로 느낄 수 있는 발효와 숙성의 경계가 명료하지는 않아요. 감각적으로는 메주의 뜬내가 사라지고 먹기 좋은 상태가 될 때까지는 발효과정이라고 할 수 있어요. 하지만 사람마다 맛에 대한 감각이 달라 '잘 익었다'는 의미의 평가가 달라질 수 있어요.

숙성은 장이 상하지 않고 좋은 맛을 유지할 수 있는 동안 지속한다고 해요. 전통장을 얼마나 잘 관리하느냐에 따라서 숙성 기간은 달라져요. 고추장은 갈변 현상이 일어나면 풍미가 떨어지기 때문에 된장처럼 오래 두고 먹을 수 없다고들 생각하는 경향이 있어요. 단맛재료의 배합비율이 높은 고추장은 발효되면서 갈변이 빨라져 오래 두고 먹기에 좋지 않아요. 엿기름으로 당화를 많이 한 고추장일수록 갈변이 빨라요.

전통 고추장을 만드는 방법은 같은 재료라도 상당히 다양해서 만드는 방법에 따라 발효 기간이나 숙성 기간이 제각각이에요. 그리고 발효와 숙성을 어떤 조건에서 하느냐에 따라서도 많이 달라져요. 저온에서 발효와 숙성을 할 경우 발효에 시간이 오래 걸리는 단점도 있지만 숙성 단계를 오래 두더라도 잘 상하지 않아요. 발효는 빨리하고 숙성을 오래 하는 방법으로 고추장의 보존성을 늘릴 수도 있답니다. 저온 발효와 저온 숙성을 장기간 거칠수록 고추장의 풍미뿐만 아니라 유용 성분이 더 풍부해져요.

발효 공간과 숙성 공간을 어떻게 정하느냐도 빨리 먹을 수 있는 고추장을 만들 수도 있고, 맛있게 오래 두고 먹을 수 있는 고추장을 만들 수도 있어요. 각자의 필요에 따라 발효과정과 숙성과정을 나눠서 관리하면 된답니다. 12가지 고추장마다 발효와 숙성에 대한 내용을 담아놓았어요.

2. 고추장 보관과 관리는 어떻게 하나요

고추장은 된장과 달리 1달 정도 발효하고도 먹을 수 있어요. 엿기름으로 식혜를 고아서 만드는 고추장은 다른 방법으로 만드는 고추장에 비해 비교적 빨리 발효된답니다. 소금의 양을 약 8% 정도의 저염으로 잡았기 때문에 1달 발효 후에 냉장 보관하는 것을 기본으로 해요. 또 날이 더운 여름에 만들었다면 1주일 정도 실온에 두었다가 냉장고에 넣어 저온 발효를 시도하면서 먹어야 안전해요. 반드시 주의할 사항은 한번 냉장 보관한 고추장은 계속 냉장 보관을 해야 해요. 고추장을 보관하고 관리하는 과정을 기록해두면 맛의 변화를 살필 수 있어요.

'나만의 맛'을 찾기 위해서 각 고추장을 만들고 나면 반드시 기록을 남겨두세요.

고추장을 만들고 나서 관리하기 체크 리스트

- 언제 만들었나요?

  날짜 표기 ____________ ▫봄 ▫여름 ▫가을 ▫겨울

- 만든 고추장의 종류는?
- 발효용기는 어떤 것으로 선택했나요?
- 발효용기는 어디에 두었나요?
- 발효 기간은 얼마나 잡았나요?
- 숙성 공간은 어디로 정했나요?

▫장독대 ▫베란다 ▫실내 ▫냉장고(일반냉장고, 김치냉장고)

내가 만든 고추장 DIY, 발효 후 맛을 보며 기록해놓은 것을 확인해보세요

고추장을 만들고 나서 발효라는 긴 기다림의 시간이 지났다면 맛을 보세요. 내 입맛에 딱 들어맞는 고추장은 자기만 만들 수 있어요. 고추장의 맛을 내는 재료의 배합비율을 차근차근 따져보면서 조정하면 얼마든지 자기만의 고추장 DIY를 할 수 있어요.

• 매운맛은 적당한가요? 어떤 고춧가루를 사용했나요?

□ 매운 청양고춧가루 혼합 □ 매운맛 고춧가루 □ 보통맛 고춧가루 □ 순한맛 고춧가루

✓ 다음에 만들 때를 위해서 내 입에 맞는 것에 표시하세요. 매운맛은 고춧가루의 양보다는 고춧가루의 매운 정도에 따라 달라져요.

• 메주 냄새는 어떤가요?

□ 구수하니 좋다 □ 메주 냄새가 덜 났으면 좋겠다

✓ 메주 냄새가 거슬린다면 아직 발효가 덜 되었을 수도 있어요.

✓ 발효가 제대로 되었다면 고춧가루와 메줏가루의 비율을 조정하면 고추장의 향미를 바꿀 수 있어요. 메주 냄새가 덜 나게 하려면 3kg을 만들 때를 기준으로 고춧가루 2(500g):메줏가루 1(250g)의 비율에서 고춧가루의 양을 늘리고 메줏가루의 양을 줄여보세요. 둘을 합친 총량이 750g이면 됩니다. 개인의 취향에 따라 다음에 만들 고추장의 레시피를 자유롭게 조절하세요.

✓ 장의 구수한 맛, 감칠맛은 메줏가루가 발효되면서 생겨나는 발효의 맛이에요. 숙성이 되면서 메주 냄새는 감칠맛으로 바뀔 거예요. 두고 먹을 고추장인지, 당장 필요해서 먹을 고추장인지에 따라 메줏가루의 비율은 조정할 수 있답니다.

• 짠맛은 어떤가요?

1. 언제 만들었나요? (□ 봄 □ 여름 □ 가을 □ 겨울)
2. 어디에 보관하고 있나요?

□ 장독대 □ 베란다 □ 실내 □ 냉장고(일반냉장고, 김치냉장고)

✓ 날씨가 선선할 때 만든 고추장이 오래 보존된답니다. 만일 더운 날씨에 만들었다면 기온에 따라 소금의 양을 50g(대략 소금 10%), 100g(대략 소금 12%) 늘려서 만들 수도 있어요. 발효 온도가 같을 경우 소금을 늘리면 발효는 좀더 더뎌진답니다. 온도가 높으면 발효 속도가 빨라져 소금을 더 넣더라도 발효 속도가 아주 느려지진 않아요.

✓ 짠맛이 싫어 소금을 늘리지 않으려면 발효 기간을 짧게 하고 냉장고에서 저온 발효와 숙성을 시도해도 괜찮아요. 다만, 저온 발효와 숙성은 시간이 오래 걸려요. 먹을 때를 고려해서 발효 계획을 세우세요.

• 신맛이 나나요?

□ 난다 □ 나지 않는다

✓ 고추장에 신맛이 돈다면 소금의 양이 적기 때문이에요. 저염이 좋다고 무턱대고 소

금의 양을 줄이면 곤란해요. 넣어야 할 소금을 다 넣었는데도 신맛이 돈다면 날씨가 너무 무더울 때 만들어서 그렇답니다.

✓ 시어진 고추장의 맛을 되돌릴 수는 없어요. 그렇다고 상한 것은 아니니까 버릴 필요는 없어요. 된장은 시어지면 어쩔 도리가 없다지만, 고추장은 식초를 넣고 양념을 해서 초고추장으로 만들면 버리지 않고 맛있게 먹을 수 있어요.

• 고추장에 곰팡이나 골마지가 생겼나요?

□ 하얀 솜털 같은 흰곰팡이가 있어요 □ 허옇게 골마지가 끼었어요

□ 푸른 곰팡이, 붉은 곰팡이 또는 검은 곰팡이가 피었어요

✓ 흰곰팡이는 걷어내고 먹으면 된답니다. 계속 바깥에 둘 거라면 고추장 위에 소금을 고루 얹어두세요. 흰곰팡이를 걷어내고 계속해서 양념으로 쓴다면 다시 곰팡이가 들어앉지는 않아요.

✓ 습한 곳에 두지는 않았는지 발효용기를 둔 장소를 점검할 필요가 있어요. 통풍이 잘 되는 곳은 그늘이 지더라도 습하지는 않아요. 통풍이 안 되는 그늘진 곳에서는 곰팡이가 쉬이 생기는데, 흰곰팡이가 아니라 푸른 곰팡이나 붉거나 검은 곰팡이가 들어앉았다면 고추장 보관 장소를 바꾸세요. 마땅한 장소가 없다면 곰팡이는 걷어내고 소금을 얹은 다음 김치냉장고나 냉장고에 냉장 보관을 해요.

✓ 집에 마땅히 만족스러운 발효 공간이 없다면 다음에 고추장을 만들 때는 소금의 양을 늘려서 만들어야 해요. 짠 게 싫다면 냉장고에 넣고 저온 발효와 숙성을 해야 할 수도 있고요. 먹을 고추장이 떨어지지 않도록 미리 발효 계획을 세우는 것이 좋아요.

✓ 솜털이나 실 같은 모양은 아니지만 허옇게 골마지가 낄 때가 있어요. 고추장은 만들어서 바로 발효용기에 넣기보다는 3일 정도 충분히 저어준 다음 발효용기에 넣어야 골

마지도 안 끼고 발효가 잘된다고 해요. 적은 양을 할 때에도 하룻밤은 재운 다음 발효용기에 넣도록 해요. 그리고 고추장이 덜 식었을 때 발효용기에 넣으면 발효중에 골마지가 낄 수 있어요.

✓ 모든 고추장이 그렇지만 고추장을 양념으로 쓸 때는 반드시 물기 없는 숟가락으로 떠야 해요. 물기가 들어가면 고추장이 상할 수 있어요. 모든 장이 같아서 오래도록 맛있게 먹으려면 꼭 지켜야 할 기본이랍니다.

• 고추장의 농도는 어떤가요?

□ 적당해요 □ 뻑뻑해요 □ 묽어요

✓ 고추장의 종류에 따라 발효과정에서 농도의 변화가 생겨요. 다른 고추장과 달리 찹쌀고추장은 익으면서 농도가 묽어지는 성질이 있어요. 찹쌀고추장과 찹쌀고추장에 마늘을 첨가해서 만드는 마늘고추장의 경우 처음에 담글 때 좀 뻑뻑해도 괜찮아요.

✓ 고추장을 보관하는 장소나 발효용기에 따라서도 고추장의 농도는 변해요. 항아리에 담아서 땡볕 아래 뒀다면 고추장이 바짝 말라버릴 수 있어요. 양념으로 쓰기에는 좀 불편할 정도로 고추장의 농도가 뻑뻑하다면 청주를 적당히 넣어서 농도를 맞추세요. 청주는 위에 부어놓기만 해도 저절로 고추장 속으로 스며들어 고추장이 부드러워져요.

청주의 알코올 성분이 방부성을 갖기 때문에 소금이나 다른 재료를 추가할 필요 없이 농도를 맞추기에 적당해요.

질문을 차례대로 따라가면서 '내가 만든 고추장'의 맛을 체크해 본 느낌은 어떤가요? 처음에는 낯설어서 어렵게 느껴질 수도 있지만 2~3번 해보면 금세 익숙해질 거예요. 한두 번 만들어본 고추장 맛에 계절마다 별미 고추장을 만드는 취미생활로 자리 잡을 수도 있어요.

3. 고추장 만들기에 필요한 도구를 준비해요

필요한 도구 장만하기

저울
20kg 이상 잴 수 있는 저울을 사면 조리도구 그대로 무게를 잴 수 있어서 고추장 식혜나 조청잼을 만들 때 좋아요.

내열 계량컵
뜨거운 물을 덜어 사용하면 좋아요.

알뜰주걱 2가지
고추장에 들어가는 재료를 섞고 발효용기에 담을 때 필요해요.

곰솥 또는 찜솥
고추장 식혜나 조청잼을 만들 때 쓰기도 하고 재료를 섞는 그릇으로도 쓸 수 있어요.

발효용기 장만하기

항아리
가장 선호되는 발효용기예요. 집 밖에 둘 수 있어서 좋지만, 습하지 않고 바람이 잘 통하고 볕이 좋은 곳에 두되 관리에 신경을 써야 해요.

유리병
유리병은 밖에 두기에는 좋지 않고 실내에서 발효할 때 쓰면 좋아요. 내열 유리병을 쓰면 소독하기도 편하고 좋아요.

스테인리스 용기

유리병은 차광이 안 되는데 스테인리스 용기는 차광이 되기 때문에 밖에 둬도 좋아요. 아무리 성능이 좋은 스테인리스라 하더라도 비를 피해야 할 뿐만 아니라 직사광선을 받으면 온도가 높아져서 실내용 발효용기로 써야 해요.

플라스틱 용기

김치를 담을 수 있는 플라스틱 용기가 적합해요. 김치는 염장 발효식품이기 때문에 장을 담아도 되는 플라스틱으로는 김치통이 가장 손쉽고 편하게 구할 수 있답니다. 내열 플라스틱이라 해도 소독하기는 제일 까다로운 편이에요.

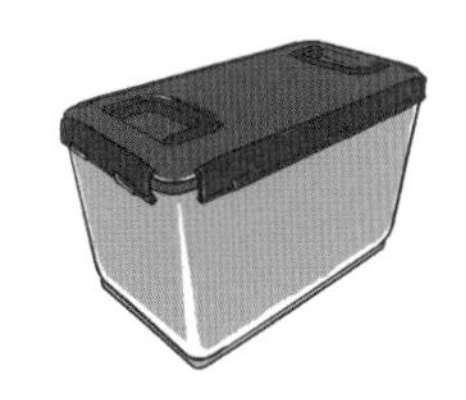

도구와 용기 소독하기

항아리 소독하기

달군 숯에 꿀을 넣어 훈증 소독을 하세요.

유리병 소독하기

내열 유리병은 열탕 소독을 해서 말리고, 일반 유리병은 잘 씻어서 햇볕에 바짝 말리거나 알코올 소독을 해요.

스테인리스 용기 소독하기

끓는 물에 소독하면 돼요.

플라스틱 용기 소독하기

열탕 소독이 어려운 편이라 잘 씻어서 햇볕에 미리 바짝 말리거나 알코올 소독을 해요.

4. 엿기름물 만드는 과정을 미리 살펴봐요

엿기름의 효소가 단맛 재료의 탄수화물 덩어리를 당으로 잘게 쪼개는 과정을 '당화'라고 했어요. 잘게 쪼개진 당을 먹고 힘을 얻은 미생물들이 열심히 고추장 재료를 발효시켜요. 미생물이 먹지 않고 남긴 당은 고추장의 단맛을 이루는 바탕이 되고요. 엿기름의 역할이 고추장 발효에서 중요한 까닭에 물에 엿기름의 유용 성분을 잘 우려내는 과정 또한 중요해요.

"그럼, 이제 고추장 만들기의 첫 단계인 엿기름물을 만들어 볼까요? 고추장 3kg 만들 때 필요한 양을 기준으로 삼아서 엿기름물을 만들어봐요!"

물
4리터

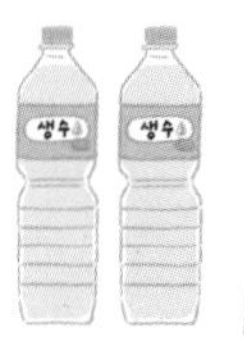

엿기름 400g
(또는 고운 엿기름가루 300g)

1 엿기름을 면주머니에 넣어요.

2 물 2리터에 엿기름을 담은 면주머니를 넣고 충분히 주물러줘요.

3 엿기름 면주머니를 비틀어서 엿기름물을 짜내세요. 짜낸 엿기름물은 따로 담아두세요.

4 물 1리터를 다시 엿기름 면주머니에 넣고 주물러요.

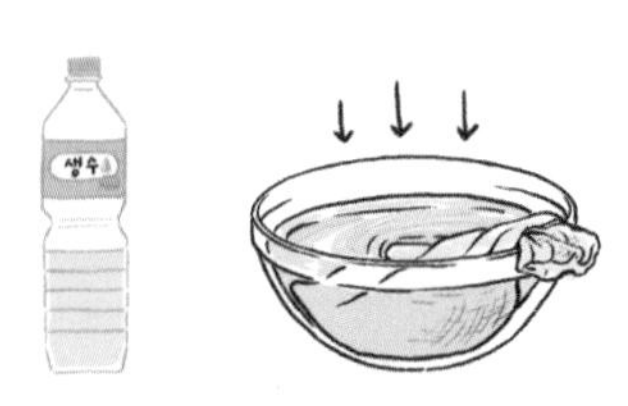

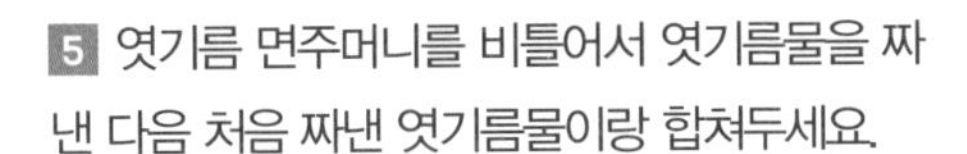

5 엿기름 면주머니를 비틀어서 엿기름물을 짜낸 다음 처음 짜낸 엿기름물이랑 합쳐두세요.

6 마지막으로 물 1리터에 다시 엿기름 면주머니를 넣고 주물러 주세요.

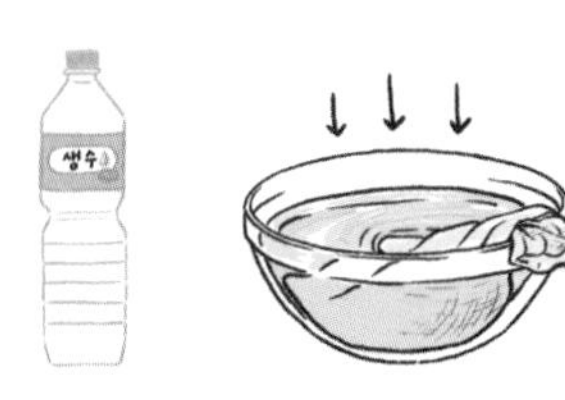

7 마지막으로 엿기름 면주머니를 꼭 짜서 미리 짜둔 엿기름물과 합쳐 마무리해둡니다.

주의사항

- 엿기름 면주머니는 물속에 담가 잘 주물러야 엿기름물이 제대로 나와요. 마지막에 짜낼 때 엿기름물이 옅으면 제대로 된 것입니다.
- 겨울에는 엿기름을 담가두었다가 불려서 엿기름물을 내기도 하지만, 여름에는 엿기름물이 빨리 쉬기 때문에 바로 손으로 주물러서 엿기름물을 내야 한답니다.

좀더 쉽게

- 간편하게 고운 엿기름가루를 사서 쓰면 엿기름물을 내는 번거로운 과정을 생략할 수 있어요. 엿기름은 싹틔운 보리를 말려서 갈았기 때문에 보리 기울이 많이 섞여 있지만, 고운 엿기름가루는 곱게 갈린 상태라서 그대로 물에 풀어서 쓰면 된답니다.
- 고운 엿기름가루를 못 구했을 때는 엿기름을 가는체로 쳐서 만들 수도 있어요. 그런데 이 방법은 좀 거친 엿기름 알갱이도 체에 걸러지지 않기 때문에 고추장의 식감이 거칠어요. 보리 기울까지 갈아서 쓰지는 않기 때문에 엿기름을 믹서로 갈아서 쓰면 안 돼요.

5. 고추장 식혜 만드는 과정을 미리 살펴봐요

고추장이나 식혜를 만들 때 흔히 "엿기름에 삭힌다"는 표현을 써요. 탄수화물인 전분질을 당질로 바꾸는 과정으로 엿기름물에 곡물가루를 섞어 따뜻한 온도에서 삭힌 다음 뭉근한 불에 고아서 졸이는 과정을 어려운 말로 '당화'라고 해요. 당화는 엿기름의 효소로 각종 곡물가루나 고구마, 호박의 탄수화물을 당으로 잘게 쪼개는 과정이에요.

'엿기름으로 탄수화물을 삭혀서 뭉근한 불에 고아서 만든 액체'를 원래 '고추장 당화액'이라고 불러요. 식혜보다 걸쭉하고, 조청보다는 묽은 상태예요. '당화액'이라는 표현은 보통사람들에게는 상당히 낯설기 때문에 〈고추장 처음 교과서〉에서는 쉽게 '고추장 식혜'라고 표기했어요. 찹쌀가루로 만들었으면 찹쌀식혜, 보릿가루로 만들었으면 보리식혜라고 했지요. 고추장 식혜는 만들 고추장의 재료를 엿기름물에 삭힌 다음 뭉근한 불에 잘 고아야 보존력이 높아져요.

"엿기름물은 잘 우려냈나요?
그렇다면 다음 단계인 고추장 식혜 만들기로 들어갑니다."

1 엿기름물에 찹쌀가루, 보릿가루, 삶은 고구마 등의 단맛 재료를 넣어서 잘 섞으세요.

✽ 엿기름에 들어 있는 디아스타제라는 효소가 고추장의 단맛 재료에 든 탄수화물이 잘 삭도록 도와줘요. 옛날에는 이불로 감싸고 아랫목에 두고 보온을 하면서 삭혔어요. 더운 여름에는 자칫하다가 엿기름물이 쉴 수도 있기 때문에 삭히는 온도를 맞추기가 참 어려웠어요.

2 50~70도의 보온 온도에서 2~3시간 동안 삭혀요. 제품에 따라 다르기는 하지만 슬로쿠커나 보온밥통의 온도가 60~70도 정도의 온도라서 곡물을 넣은 엿기름물을 삭히는 데는 딱이에요.

✽ 날곡물가루일 경우에도 〈고추장 처음 교과서〉의 양만큼 조금 만들 때는 가스레인지의 불이 꺼지지 않을 정도로 약하게 둔 상태로 30분 정도 놓아두면 삭아요.

✽ 옛날에는 1년 농사처럼 고추장을 많이 만들었어요. 많은 양을 만들 때는 7~8시간은 삭혀야 해요. 적은 양을 만들 때는 2~3시간이면 충분해요. 삶은 고구마나 호박 같은 익은 단맛 재료를 엿기름물에 섞었다면 바로 약불에 얹어서 고는 단계로 넘어가도 괜찮아요.

3 단맛 재료와 섞은 엿기름물이 다 삭았는지 확인하세요.

✱ 손으로 만져봐서 미끌거리는 감촉이 느껴지지 않으면 제대로 다 삭은 거예요.

✱ 눈으로 보았을 때 탁한 엿기름물이 투명해지면 다 삭은 거로 봐도 됩니다.

4 삭힌 엿기름물은 곰솥에 옮겨 담고 약불에 올려서 뭉근하게 20분 정도 끓이세요.

✱ 처음에는 바닥에 눌어붙을 수도 있으니 불에 올린 다음에는 나무주걱으로 저어가며 끓여줘요. 특히 고추장 식혜는 엿기름물의 앙금도 쓰기 때문에 눌어붙기 쉬워요.

✱ 약불에서 20분 정도 뭉근하게 끓이면 덜 삭았더라도 엿기름의 효소가 제 역할을 해줘요.

✱ 센 불에서는 갑자기 끓어 넘칠 수 있고 효소를 파괴할 수 있어서 약불에 올려두고 끓이기 시작해야 해요.

✱ 화력이나 냄비의 두께에 따라 고추장 식혜 만드는 시간은 달라질 수 있어요. 고추장 식혜나 조청잼의 무게를 반드시 체크해주세요.

5 중불로 조절해서 약 1시간 30분 정도 끓이세요. 눈대중으로 봐서 처음 곰솥에 넣은 삭힌 엿기름물이 절반으로 졸아들면 거의 고추장 식혜가 완성된 단계랍니다.

중불

✽ 중불로 올리고 나서도 자주 살펴보면서 조심스럽게 저어줘야 해요. 거의 졸아들 무렵에는 눌지 않도록 신경을 써야 해요. 고추장 식혜는 음료수로 마시는 식혜와 달리 엿기름과 곡물가루의 앙금을 버리지 않고 그대로 쓰기 때문에 졸아들면서 눌어붙으면 탄내가 날 수 있어요. 나무주걱으로 원을 그리면서 곰솥의 바닥을 빠짐없이 긁어가면서 저어줘야 눌어붙지 않아요.

✽ 너무 많이 졸여서 고추장 식혜의 양이 부족하다 싶으면 청주로 농도를 맞추거나 물을 더 붓고 졸여도 되니 너무 걱정하지 마세요.

✽ 시간이 걸리더라도 은근하게 오래 달일수록 고추장이 윤기가 흐르고 탄력이 좋아지며 저장성이 높아져요.

✽ 빠른 시간에 졸일 수도 있지만 중불에서 은근하게 1시간 30분 이상으로 해야 고추장이 쉽게 상하지 않아요.

12가지 전통 고추장 만들기는 3단계로 나뉘어 있어요.
가장 기본이 되는 전통 고추장 3가지를 바탕으로 차근차근 다양하게
고추장을 DIY해 나가면서 퓨전 고추장까지 만들어 보는 실전 단계예요.
내 입에 맞는 고추장, 내 가족의 건강에 필요한 고추장은 어떤 고추장일까,
여행을 떠나봐요. 〈고추장 처음 교과서〉에서 다루지 못한 좀더 오래된
고추장 만들기 방식도 이야기 보따리로 풀어놓았어요.

우리 전통 발효 식문화 속으로 더 들어가는 징검다리로 삼아보세요.

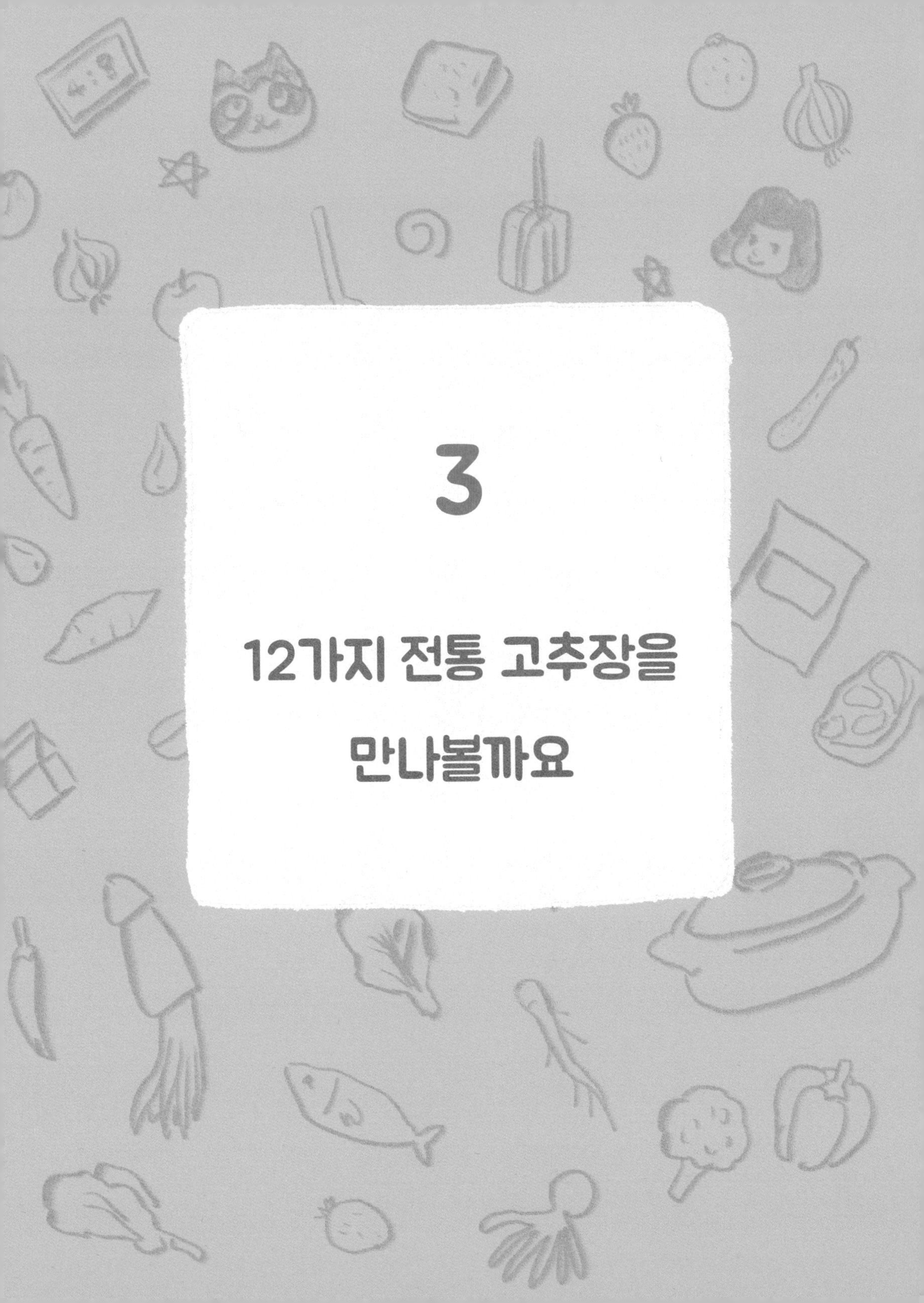

3

12가지 전통 고추장을 만나볼까요

먼저 살펴보아요

고추장의 종류는 달라도 재료의 배합비율은 일관되게 제시해요.

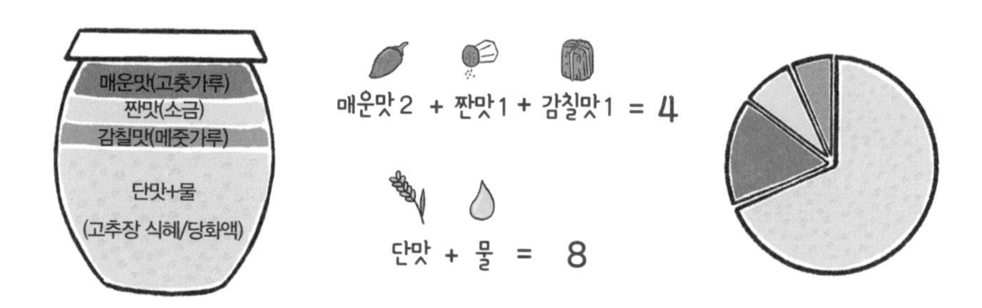

고춧가루, 메줏가루, 소금의 총량은 1kg, 단맛을 내는 재료의 총량은 2kg으로 1:2의 비율로 일관되게 유지를 했어요.

고춧가루와 메줏가루의 배합비율은 2:1이에요. 여기에 소금을 더해서 고춧가루:메줏가루:소금의 배합비율은 2:1:1인 셈이에요. 고추장의 배합비율에서 소금은 약 8%로 좀 낮은 편입니다. 더운 계절에는 고추장이 상할 수 있으니 날씨에 따라 소금의 양을 50~100g 늘려서 만들어도 괜찮아요.

고추장 만들기는 총 3kg을 만들 수 있도록 짜여 있어요.

꿀병에 1.5kg 정도의 고추장을 넣으면 딱 좋아요. 꿀병 하나는 너무 소량이라 한 번 만들 때 꿀병 둘 분량으로 만들도록 레시피를 제시합니다. 혼밥 세대이거나 가족이 적다면 재료의 양을 절반으로 줄여서 꿀병 하나 분량으로 만들어서 먹을 수도 있어요. 다만, 3단계의 기능성 고추장 6가지는 조금 만들어서 빨리 먹는 것이 좋기 때문에 양을 줄여서 꿀병 하나 1.5kg을 기준으로 만들어요.

1단계 기초편

1단계에서는 가장 기본이 되는 고추장 3가지를 만들어봐요.

전통엿고추장
찹쌀고추장
보리고추장

전통엿고추장은 조청만 있으면 뚝딱 만들어낼 수 있는
마법 같은 고추장이에요.
찹쌀고추장은 불린 곡물가루로 만드는 전통 고추장의 기본이고,
보리고추장과 더불어 전통 고추장의 양대산맥이랍니다.

전통엿고추장

엿고추장은 쌀조청이 들어가기 때문에 조청고추장이라고도 해요.
쌀조청에 메줏가루와 고춧가루, 소금을 섞어서 손쉽게 만들 수 있어요.

이런 음식에

- 엿고추장은 단맛이 강해서 찌개나 국에 쓰기보다는 볶음이나 조림에 적당해요.
- 향토음식인 진주비빔밥은 엿고추장을 양념장으로 넣어요.
- 예로부터 전통엿고추장은 미리 장만해 둔 조청이나 갱엿을 물에 풀어서 만들었어요. 갱엿은 조청을 더 졸이면 만들 수 있답니다.

발효와 숙성은

- 엿고추장은 발효되는 동안 끓어오르지 않고 잘 상하지 않는답니다.
- 조청으로 만들어서 빠르게 갈변돼요. 갈변을 늦추고 싶다면 상온에서 1달 발효를 거친 다음 저온 발효와 숙성을 하세요.

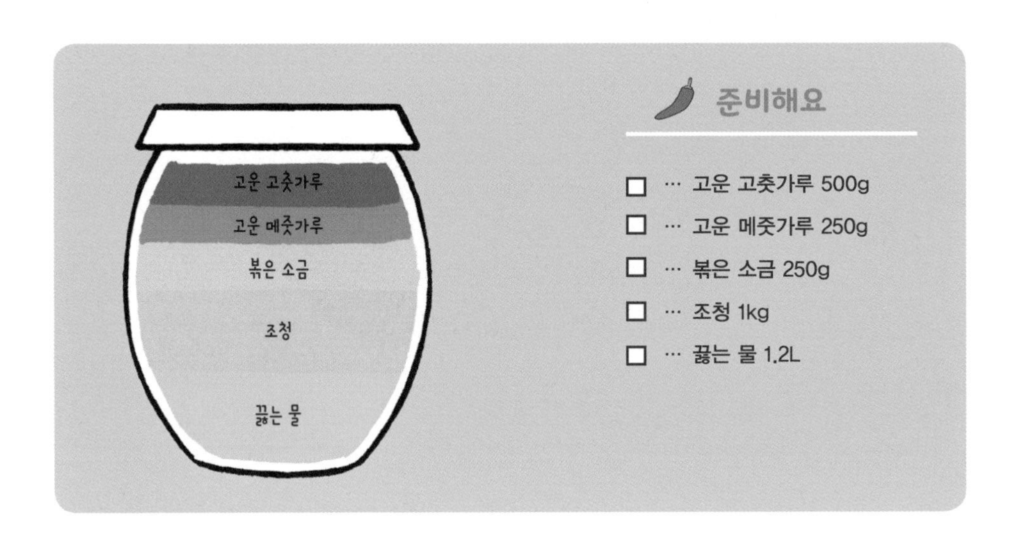

준비해요

- ☐ … 고운 고춧가루 500g
- ☐ … 고운 메줏가루 250g
- ☐ … 볶은 소금 250g
- ☐ … 조청 1kg
- ☐ … 끓는 물 1.2L

만들어요

1 물 1,5L를 팔팔 끓여요. 끓는 중에 물이 줄어들어요. 부족하지 않게 넉넉하게 끓이세요.

2 조청 1kg을 팔팔 끓는 물 1.2L에 넣고 섞어서 풀어요.

3 볶은 소금 250g을 조청 푼 물이 뜨거울 때 미리 녹이고 미지근해질 때까지 식혀요.

4 조청과 소금 풀어둔 물에 고운 메줏가루 250g을 체에 내리면서 잘 섞어요.

5 그다음 고운 고춧가루 500g을 체에 내리면서 잘 섞어요.

6 잘 섞였는지 확인한 다음 차가워질 때까지 식히세요.

7 미리 소독해둔 발효용기에 담아요.

8 발효용기를 직사광선이 안 들고 바람이 잘 통하는 시원한 곳에 보관하세요.

찹쌀고추장

찹쌀고추장은 찹쌀이 들어가는 모든 고추장을 통틀어 말하는데,
여기서는 생찹쌀가루를 엿기름으로 삭혀서 만드는 고추장 만드는 방법을 담았어요.

이런 음식에

- 찹쌀고추장은 단맛의 대명사예요. 또 찹쌀로 만들어서 윤기가 흐르고 색이 고와요.
- 그래서 초고추장이나 비빔장 등 각종 양념장을 만들 때 쓰면 좋아요.
- 특히 약고추장을 만들 때는 찹쌀고추장으로 써요. 물론 볶음이나 조림에 써도 되지요.

발효와 숙성은

- 찹쌀고추장은 보통 정월장을 담그는 3월 봄철에 만들어요. 하지만 지구온난화로 더위가 일찍 찾아오는 탓에 늦겨울이나 초봄에 서둘러서 담그는 게 좋아요. 만약 늦어져 더위가 걱정되면 소금의 양을 50~100g 정도 늘리세요.
- 찹쌀고추장은 발효되면서 묽어지기 때문에 처음 만들 때 좀 되직하게 만들어요. 만들고 1달 지난 다음부터 먹을 수 있어요. 좀더 깊은 맛을 느끼고 싶으면 6개월 이상 발효시키세요.

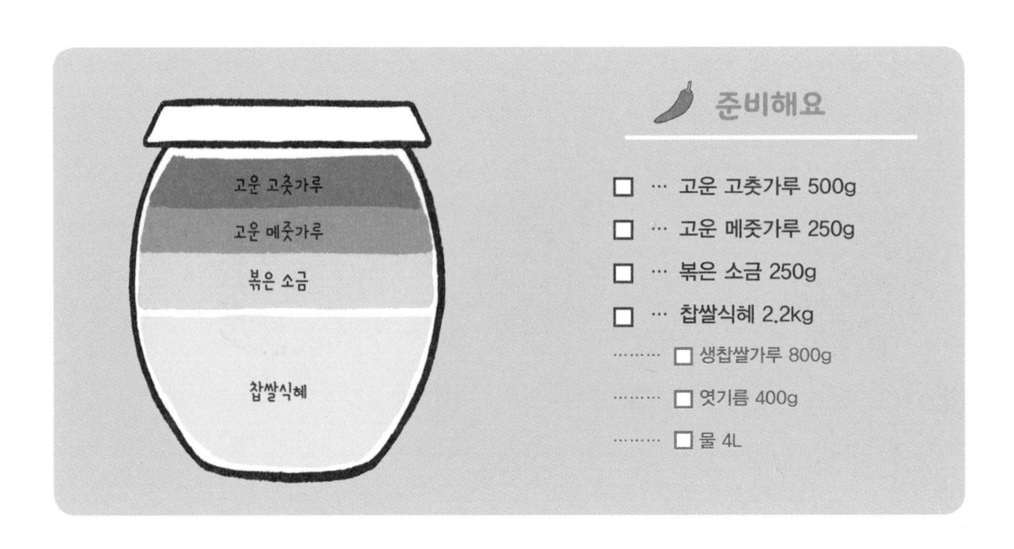

준비해요

- □ … 고운 고춧가루 500g
- □ … 고운 메줏가루 250g
- □ … 볶은 소금 250g
- □ … 찹쌀식혜 2.2kg
  - □ 생찹쌀가루 800g
  - □ 엿기름 400g
  - □ 물 4L

만들어요

1 엿기름 400g을 넣고 물 2L에 담가서 충분히 주무른 다음 꼭 짜서 곰솥에 부어놓아요

2 남은 물 1L에 엿기름 면주머니를 넣고 다시 한번 반복하여 미리 짜둔 엿기름 물과 합쳐 주세요.

3 남은 물 1L에 다시 면주머니를 넣고 한 번 더 반복하세요.

4 곰솥에 담긴 엿기름물에 생찹쌀가루 800g을 고루 풀어요.

5 엿기름물에 푼 생찹쌀가루를 50~70도 보온 온도에서 2~3시간 삭혀요.

6 곰솥에 부어 약불에서 20분, 중불에서 1시간 30분간 저으며, 2.2kg이 될 때까지 고아 찹쌀식혜를 만들어요.

7 이렇게 찹쌀식혜가 완성되면 뜨거울 때 볶은 소금 250g을 넣고 녹이세요.

8 찹쌀식혜가 미지근하게 식으면 고운 메줏가루 250g을 체에 내리면서 고루 섞어요.

9 고운 고춧가루 500g을 체에 내리면서 고루 섞어요. 그리고 완전히 식힌 다음 소독한 발효용기에 담으세요.

찹쌀고추장

찹쌀고추장은 엿기름으로 찹쌀식혜를 고아서 만드는 방법 말고도 몇 가지가 더 있어요. 좀더 오래된 전통방식들이에요.

찹쌀떡고추장

떡으로 만드는 고추장이 가장 찰기가 있다고 해요. 구멍떡과 인절미 2가지 방법이 있어요.

1. '구멍떡'으로 만드는 방법

궁중 고추장을 만드는 방법이고 가장 기본적인 찹쌀고추장 만들기예요. 생찹쌀가루를 익반죽해서 구멍떡을 만들고 뜨거운 물에 삶아낸 다음 삶은 물을 넣어가면서 적당한 농도로 풀어요. 삶은 구멍떡을 적당한 농도로 풀었다면 메줏가루와 소금을 넣고 잘 섞은 다음 하룻밤 재워요. 마지막으로 고춧가루를 넣고 꿀이나 조청으로 단맛을 조절해서 완성해요. 구멍떡을 만들려면 제법 까다로워서 구멍떡 대신에 작은 송편 모양이나 경단 모양으로 떡을 빚어서 고추장을 만들기도 해요.

궁중음식을 이어받은 황혜성 선생님의 말씀에 따르면, 구멍떡 고추장을 만들 때 엿기름을 쓰지 않는다고 해요. 하지만 최근에는 구멍떡을 엿기름물에 삶는 경우도 있어요. 엿기름물이 구멍떡을 빨리 삭도록 도와주기도 하고, 단맛을 선호하는 요즘 추세에 따른 방법의 변화라고 할 수 있어요.

2. '인절미'로 만드는 방법

생찹쌀가루로 만드는 방법과 물에 담가 삭힌 찹쌀을 가루 내어 만드는 방법 2가지로 나뉘어요. 구멍떡을 만들어서 다시 삶아내는 과정이 없어서 간편하다고도 할 수 있지만, 생찹쌀가루를 찌는 것은 제법 요령이 필요한 작업이에요. 시루에 생찹쌀가루를 넣고 찐 인절미 같은 상태의 찰떡에 물을 넣어가면서 농도를 맞추는 것은 구멍떡고추장과 마찬가지예요.

삭힌 찹쌀가루로 만드는 방법도 마찬가지예요. 삭힌 찹쌀가루는 찹쌀을 씻은 다음 물에 7~10일 정도 담가서 삭혀요. 다 삭은 찹쌀은 손가락으로 문지르면 뭉개질 정도로 물러져요. 가볍게 물만 빼고 그대로 가루를 빻아서 인절미를 쪄요.

삭힌 찹쌀고추장은 저염이어도 상온에서 아주 오래도록 보존되는 발효 안정성이 뛰어난 고추장이에요. 몇 년씩 묵혀도 갈변이 거의 없고 날이 덥다고 마구 끓어오르지도 않아요. 조청으로 단맛을 조절할 필요가 없어서 가장 절제된 단맛의 찹쌀고추장이지만 가장 맛있는 찹쌀고추장이에요. 서울시농업기술센터의 전통 고추장 교육을 담당하고 계시는 김복인 내림솜씨 장인이 이 방법을 전수하고 계신답니다. 매년 교육을 진행하고 있기 때문에 관심이 있다면 배워 보세요.

찹쌀밥고추장

순창 고추장의 강순옥 전통식품 명인은 찹쌀밥으로 고추장을 만들어요. 찹쌀밥을 고들고들하게 시루에 쪄서 지에밥으로 짓고, 여기에 조청, 메줏가루, 소금을 넣고 3일 정도 삭혀요. 그다음에 고춧가루를 넣고 고추장을 완성해요. 이 방법은 방송에서도 소개된 적이 있어요. 지에밥 찌는 방법과 삭히는 과정만 손에 익으면 손쉬운 찹쌀고추장 만들기예요. 조청은 단맛을 내기도 하지만, 찹쌀밥이 빨리 삭도록 발효 보조제 역할을 해요.

찹쌀죽고추장

엿고추장 만드는 방법에 더 맛을 보태기 위해서 찹쌀죽을 쒀서 넣기도 해요. 찹쌀 들어가는 양이 다른 찹쌀고추장에 비해 적은 편이에요. 밥으로 하면 찹쌀죽이 되고, 생찹쌀가루로 하면 찹쌀풀 같은 상태예요. 여기에 메줏가루, 고춧가루, 소금, 부족한 당분을 보충할 조청이 들어간답니다.

찹쌀고추장 만드는 방법이 참 복잡하죠? 워낙 사랑받는 전통 고추장이다 보니 만드는 방법도 가장 다양해요.

보리고추장

건강에 대한 관심이 높아지는 요즈음 비타민B 복합체 · 베타글루칸 등
기능성 성분 때문에 보리고추장이 다시 주목받고 있어요.

이런 음식에

- 보리고추장은 찹쌀고추장보다는 단맛이 덜하고 칼칼하며 구수한 풍미가 있어요. 그래서 쌈장이나 찌개용으로 먹기가 좋아요.
- 보리고추장은 여름에 먹으면 제격이에요. 보리가 열을 내려주는 성질이 있기 때문이지요.
- 보리고추장은 보리의 특성상 찰기가 적고 색감이 좀 검은 편이에요.

발효와 숙성은

- 보리고추장은 보통 가을에 만들어 발효와 보관이 유리한 편이에요.
- 또 찹쌀고추장은 익을수록 묽어지는 반면 보리고추장은 농도의 변화가 없어요.

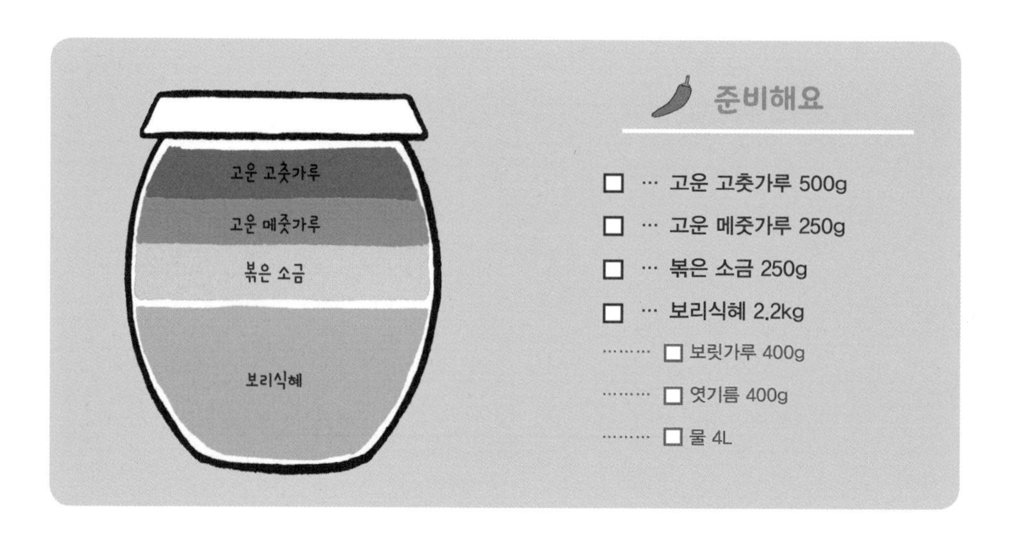

준비해요

- □ … 고운 고춧가루 500g
- □ … 고운 메줏가루 250g
- □ … 볶은 소금 250g
- □ … 보리식혜 2.2kg
  - ……… □ 보릿가루 400g
  - ……… □ 엿기름 400g
  - ……… □ 물 4L

만들어요

1 엿기름 400g을 면주머니에 넣고 물 2L에 담가 충분히 주무른 다음 꼭 짜서 곰솥에 넣어요.

2 나머지 2L로 엿기름 면주머니를 주물러 짜는 과정을 두 번으로 나누어 하고 곰솥에 합쳐 놓아요.

3 곰솥에 담긴 엿기름물에 보릿가루 400g을 고루 풀어요.

4 엿기름물에 푼 보릿가루를 50~70도 보온 온도에서 2~3시간 삭혀요.

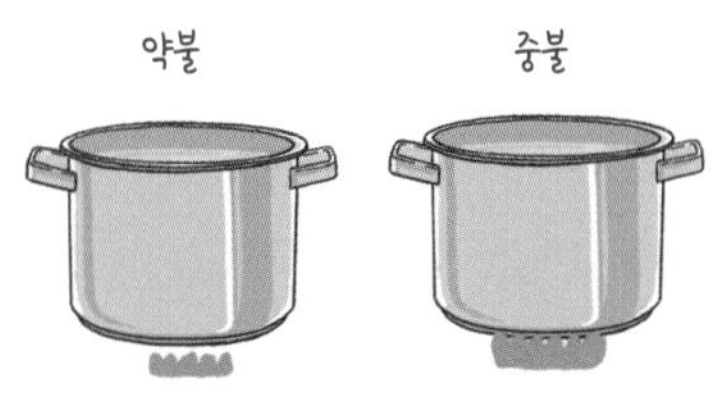

5 곰솥에 부어 약불에서 20분, 중불로 바꾸어 1시간 30분간 저으며 2.2kg이 될 때까지 고아 보리식혜를 만들어요.

6 완성된 보리식혜가 뜨거울 때 볶은 소금 250g을 넣고 녹이세요.

7 보리식혜가 미지근하게 식으면 고운 메줏가루 250g을 체에 내리면서 고루 섞어 주세요.

8 그다음 고운 고춧가루 500g을 체에 내리면서 고루 섞어요.

9 완성된 보리고추장은 완전히 식힌 다음 발효용기에 담아 냉암소에 보관하세요.

보리고추장

보리고추장 만드는 방법은 〈고추장 처음 교과서〉에서 소개한 엿기름으로 보리식혜를 만드는 방법 말고도 3가지가 더 있어요.

띄운 보리고추장

띄운 보리고추장은 보리밥을 지어서 청국장 띄우듯이 하는 방법이에요. 순창 찹쌀고추장과 쌍벽을 이루는 천안 고추장이 띄운 보리고추장이에요. 천안 지자체에서는 표준 레시피를 정해서 천안 고추장을 보존하고 있어요. 띄운 보리고추장 10kg을 만들기 위해 띄운 보리 2000g, 고춧가루 1700g, 메줏가루 700g, 천일염 600g, 엿기름 600g, 물 5L의 비율로 독에 담아 숙성시켜요.

띄운 보리는 죽처럼 질척한 상태예요. 여기에 엿기름, 물, 메줏가루, 고춧가루, 소금을 차례대로 넣고 버무리면 띄운 보리고추장이 완성됩니다. 엿기름은 솥에 넣고 끓여서 식혜를 만드는 것이 아니라 발효 보조제로 그냥 들어가요. 띄운 보리를 만들 줄만 알면 다른 재료를 넣고 쓱쓱 버무리면 되니 쉬워요. 그리고 이미 띄워서 발효된 보리로 만들기 때문에 발효 기간이 길지 않고 1달이면 먹을 수 있어요. 요즘도 재래시장에서 종종 띄운 보리를 팔기도 한답니다. 게다가 서울시농업기술센터에서 김복인 내림솜씨 장인이 띄운 보리고추장 만드는 방법을 전수하고 있어요.

보리메주를 넣은 보리고추장

보리메주는 보리밥을 고슬고슬하게 지어서 적당히 식힌 다음 누룩처럼 곰팡이를 입혀요. 전통장에 들어가는 누룩이라 메주라고 부를 뿐이에요. 콩알메주 만드는 방법과 같아요. 콩을 삶아서 적당히 식힌 다음 콩알 상태로 띄우는 콩알메주는 우리나라 메주의 원형이라고 해요.

최근에 서분례 청국장 전통식품 명인이 손쉽게 집에서 콩알메주 띄우는 방법을 방송에 소개했어요. 보리메주도 같은 방법으로 띄우면 돼요. 우리나라에는 전통장에 팥 · 메

밀 · 밀 등 다양한 곡물 누룩이 들어가는 누룩장이 상당히 많은데, 안타깝게도 널리 알려져 있지는 않아요. 그나마 다행인 것은 판매되는 보리메주가 있어서 아직까지는 보리메주고추장을 만들어 먹을 수 있다는 사실이에요. 보리메주 만드는 방법이 후대로 이어지지 않으면 전통의 맥은 끊겨요.

보리를 섞어서 만든 메주를 넣은 보리고추장

삶은 콩과 삶은 보리를 한데 섞어서 메주를 쑤는 방법이에요. 콩 익는 시간과 보리 익는 시간이 달라서 요령이 필요해요. 콩이 식어버리면 메주를 성형하기 힘들어요. 콩이 익는 때에 맞춰서 보리밥도 완성해야 해요. 좀더 간편한 방법은 볶은 보리를 가루로 내어 준비했다가 삶은 콩에 섞을 수도 있어요.

이렇게 보리와 콩을 섞어서 메주를 띄운 다음 잘 말려서 고추장 메줏가루로 갈아서 쓰면 손쉽게 보리고추장을 만들 수 있어요. 메주 만드는 과정이 까다로울 뿐 고추장 만들기는 손쉬워요. 메주 만들 철에 메주를 못 만들면 1년 후에나 만들 수 있다는 게 단점이에요.

보리식혜로 만들지 않는 보리고추장은 이렇게 크게 3가지 방법이 있어요. 띄운 보리고추장을 제외하고는 단맛을 조청으로 조절해요. 그런데 띄운 보리고추장이 가장 유명하고 맛도 있어요. 삭힌 찹쌀고추장이랑 서로 맥락이 통하는 방법이에요.

엿고추장은 전라도 전주와 경상도 진주에서 주로 담가먹는다고 해요. 엿고추장 또한 전통 고추장이라는 단적인 증거예요. 굳지 않는 묽은 엿 상태가 조청이에요. 궁중 고추장을 만들 때도 찹쌀떡고추장에 조청이나 꿀로 단맛을 맞춰서 만들었다고 해요. 그리고 순창 찹쌀밥고추장을 만들 때도 발효 보조제로 조청을 넣고요. 조청은 멥쌀이 기본이지만 수수조청 · 무조청 · 호박조청 · 고구마조청 등 다양한 조청이 있어요. 이런 별미 조청을 잘 활용하면 엿고추장도 다양하게 즐길 수 있어요.

궁중과 얽힌 이야기를 가진 지역의 명물 고추장들이 있어요. 정지뜰고추장은 조선시대 강원감영에서 해마다 한 번씩 궁중에 진상한 고추장이에요. 정지뜰은 지금 원주의 옛 지명인데, 일조량, 토질, 우거진 송림의 송홧가루 덕분에 정지뜰고추장에는 독특한 맛이 난다고 해요. 정지뜰고추장의 재료는 메줏가루 · 찹쌀가루 · 고춧가루 · 엿기름가루 · 소금 · 물 등이에요. 엿기름가루를 넣지만 고추장 식혜를 만들지는 않는데, 이렇게 만든 고추장을 항아리에 담고 1년 이상 숙성시켜요.

찹쌀고추장으로는 순창 고추장이 가장 유명해요. 순창 고추장에도 궁중 이야기가 얽혀 있어요. 영조가 사랑한 사가의 고추장이 바로 순창을 본관으로 하는 양반집 고추장이었다고 해요. 영조의 고추장 사랑은 음식인문학 저작에 단골로 자주 등장한답니다. 영조의 입맛에 딱 들어맞은 고추장은 순창에서 기원한 셈이에요. 옛 문헌에 순창 사람을 데리고 와서 서울에서 순창 고추장을 담았지만 그 맛이 순창에서 만든 것만 못하다는 말이 적혀 있기도 해요. 이 말을 뒷받침이라도 하듯이 최근의 연구 결과에 따르면 순창 고추장의 독특한 풍미는 순창에만 있는 곰팡이 때문이라고 해요.

순창의 찹쌀고추장과 쌍벽을 이룬다는 천안의 띄운 보리고추장에는 재미난 이야기가 전해져요. 원래 조선 후기 이규경의 『오주연문장전산고(五洲衍文長箋散稿)』에 보리고추장에 대한 내용이 있다고 해요. 그런데 이 책에 적힌 지역은 천안이 아니라 함안이에요. 함안 지역의 보리고추장에 대한 이야기가 번역하는 과정에서 천안으로 오기되면서 '천안 보리고추장'으로 알려지게 되었어요. 그후 천안 보리고추장이 유명해졌어요.

2단계 응용편

2단계에서는 기본 고추장 만드는 방법에 재료를 더하거나 바꾸는 것만으로도
3가지 다른 고추장을 만들 수 있어요

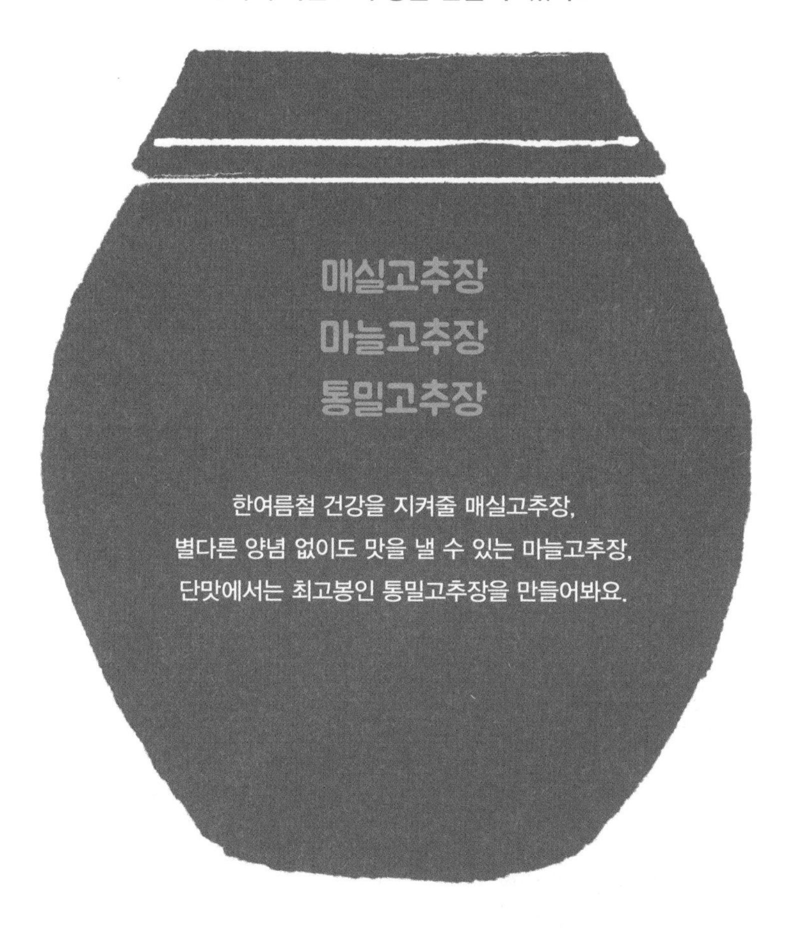

매실고추장

매실청은 여름철 식중독 예방에 도움이 되고, 음식을 만들 때도 널리 활용되지요.
손쉽게 구할 수 있는 매실청으로 매실고추장을 뚝딱 만들어봐요.
원리를 알면 다른 과일청이나 채소청으로도 응용할 수 있어요.

이런 음식에

- 매실고추장은 엿고추장보다 더 달아요. 고추장의 농도도 엿고추장보다 좀더 묽은 편이에요.
- 매실이 식중독을 예방하기 때문에 여름에 채소를 찍어먹거나 초고추장 같은 양념장을 만들 때 유용해요. 단, 국물요리에는 잘 어울리지 않아요.

발효와 숙성은

- 바로 만들어 발효가 덜 된 매실청을 썼을 경우 매실고추장이 끓어오를 수 있어요.
- 상온에서 발효와 숙성을 하는 데 크게 문제되지 않아요.
- 매실고추장은 매실 자체의 살균력으로 잘 변하지 않아요.

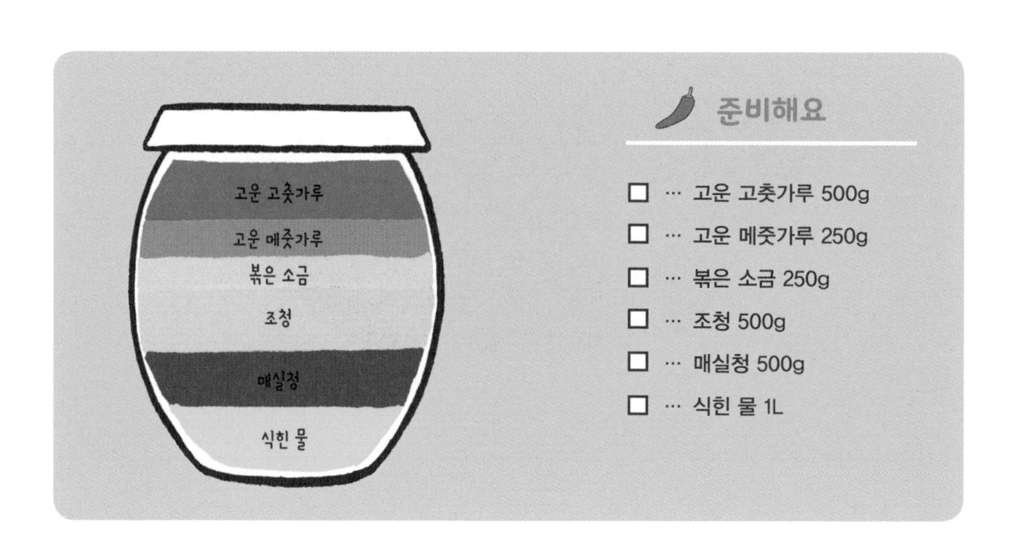

준비해요

- □ … 고운 고춧가루 500g
- □ … 고운 메줏가루 250g
- □ … 볶은 소금 250g
- □ … 조청 500g
- □ … 매실청 500g
- □ … 식힌 물 1L

만들어요

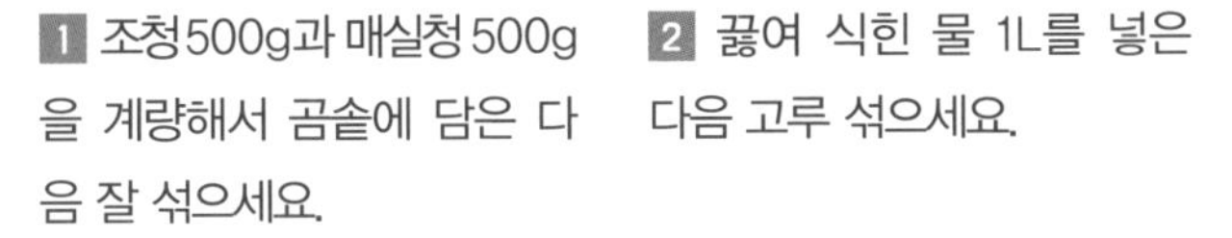

1 조청 500g과 매실청 500g을 계량해서 곰솥에 담은 다음 잘 섞으세요.

2 끓여 식힌 물 1L를 넣은 다음 고루 섞으세요.

3 조청과 매실청을 녹인 물에 볶은 소금 250g을 넣고 알갱이가 없어질 때까지 녹여요.

4 소금물에 고운 메줏가루 250g을 체에 내리면서 잘 섞으세요.

5 그다음 고운 고춧가루 500g을 체에 내리면서 고루 섞으세요.

6 완성된 매실고추장을 소독해 둔 발효용기에 담아요.

7 발효용기를 그늘지고 바람이 잘 통하는 곳에 두어 매실고추장이 잘 익도록 하세요.

Tip

1년 미만의 발효가 덜 된 매실청을 쓸 경우 조청과 매실청, 물 1.5L를 넣고 2.2kg이 될 때까지 끓인 다음 만들도록 해요.

마늘고추장

찹쌀고추장을 만들 때 마늘을 섞으면 익은 마늘의 단맛이 찹쌀과 잘 어우러지는
달콤쌉싸름한 별미 고추장이 만들어져요.
그러면 단맛은 강해도 칼로리는 건강하게 낮출 수 있어요.

이런 음식에

- 마늘고추장은 음식을 만들 때 마늘을 넣지 않아도 되는 만능 전통 고추장이에요
- 마늘고추장은 칼칼한 맛도 특별한 데다 단맛과 감칠맛이 탁월해 음식 종류에 구애받지 않고 두루 쓸 수 있어요.

발효와 숙성은

- 마늘이 고추장의 저장성을 높인다는 연구 결과가 있어요.
- 생마늘을 넣고 했을 경우 마늘의 아린 맛 때문에 상당히 오래 묵혀야 해요.

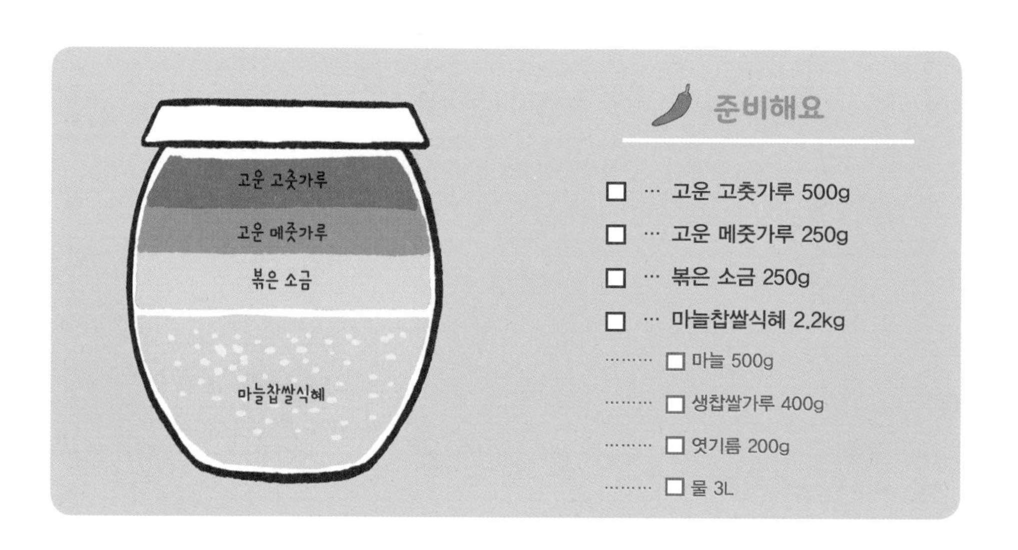

만들어요

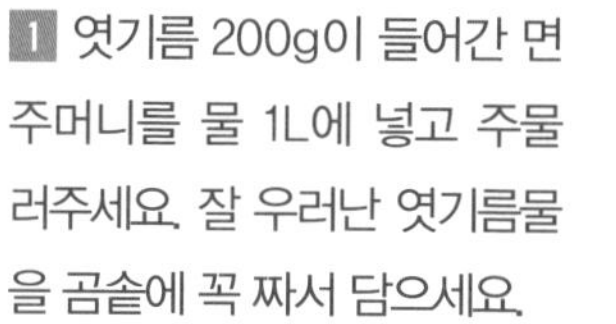

1 엿기름 200g이 들어간 면주머니를 물 1L에 넣고 주물러주세요. 잘 우러난 엿기름물을 곰솥에 꼭 짜서 담으세요.

2 다시 물 1L에 넣고 면주머니를 주물러서 짜는 과정을 두 번 더 반복해요.

3 엿기름물에 생찹쌀가루 400g을 풀어넣고 50~70도 보온 온도에서 2~3시간 삭혀요.

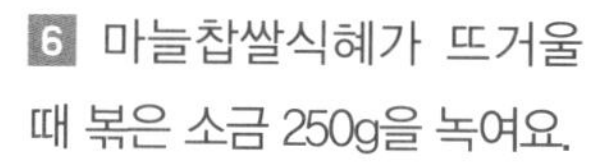

4 마늘 500g을 편으로 썰거나 갈아두세요.

5 엿기름물에 생찹쌀가루가 다 삭았으면 마늘을 한데 넣고 마늘찹쌀식혜를 2.2kg 될 때까지 약불과 중불에서 고아요.

6 마늘찹쌀식혜가 뜨거울 때 볶은 소금 250g을 녹여요.

7 마늘찹쌀식혜가 미지근하게 식으면 고운 메줏가루 250g을 체에 내리면서 주걱으로 잘 섞으세요.

8 그다음 고운 고춧가루 500g을 체에 내리면서 주걱으로 섞어 완성하세요.

9 완성된 마늘고추장을 식힌 다음 준비된 발효용기에 담으세요.

통밀고추장

찹쌀고추장은 생찹쌀가루로 만들고 보리고추장은 말린 보릿가루로 만들었던 것 기억나시나요?
통밀고추장도 마찬가지예요. 익힌 통밀쌀에 곰팡이를 띄우는 전통방식이 있지만
따라하기가 어려우니 통밀가루로 만들어봐요.

이런 음식에

- 전통 고추장 가운데 가장 달다고 할 수 있어요.
- 만드는 방법이 같아도 보리고추장은 구수하고 달지 않지만 통밀고추장은 구수한 맛에 단 것이 특징이므로 단맛에 어울리는 음식에는 두루 쓸 수 있어요.

발효와 숙성은

- 통밀고추장은 보존성이 높은 고추장에 속해요.
- 다른 고추장에 비해 갈변이 빠른 편이에요.
- 통밀가루에는 독특한 향이 있어서 호불호가 갈려요. 발효되면서 향이 누그러지지만 후각이 예민하다면 백밀가루로 만들어도 괜찮아요.

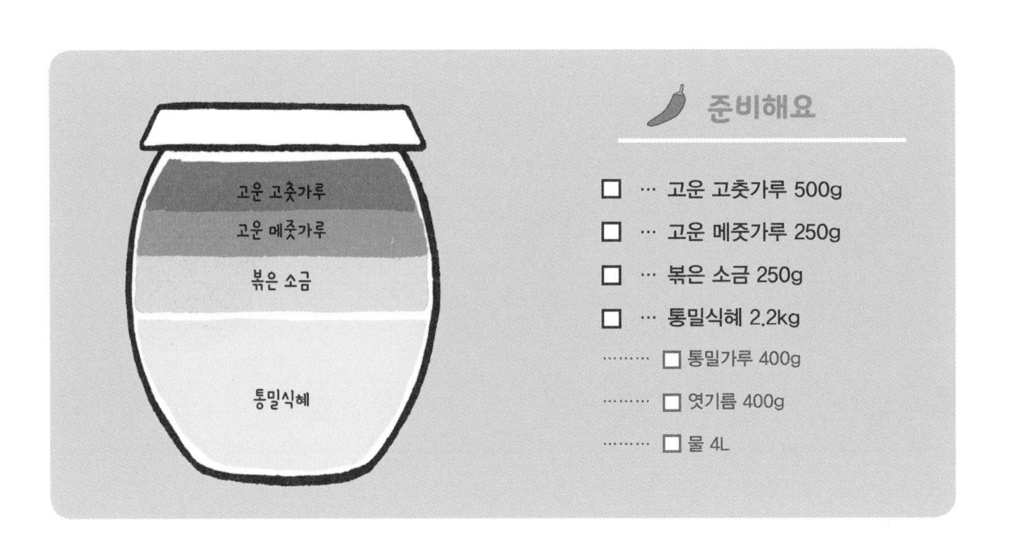

준비해요

- ☐ … 고운 고춧가루 500g
- ☐ … 고운 메줏가루 250g
- ☐ … 볶은 소금 250g
- ☐ … 통밀식혜 2.2kg
  - ……… ☐ 통밀가루 400g
  - ……… ☐ 엿기름 400g
  - ……… ☐ 물 4L

만들어요

1 엿기름 400g을 면주머니에 넣고 물 2L에 담가 충분히 주무른 다음 꼭 짜서 곰솥에 엿기름물을 부으세요.

2 다시 물 1L에 넣고 면주머니를 짜는 과정을 두 번 더 반복하세요.

3 곰솥에 담긴 엿기름물에 통밀가루 400g을 고루 풀어요.

4 엿기름물에 푼 통밀가루를 2~3시간 동안 50~70도 보온 온도에서 삭혀요.

약불 중불

5 엿기름물에 통밀가루가 다 삭았으면 약불에서 20분, 중불에서 1시간 30분 정도 통밀식혜를 2.2kg 될 때까지 고아요.

6 통밀식혜가 뜨거울 때 볶은 소금 250g을 녹이세요.

7 통밀식혜가 미지근하게 식으면 고운 메줏가루 250g을 체에 내리면서 잘 섞으세요.

8 그다음 고운 고춧가루 500g을 체에 내리면서 고루 섞으세요.

9 통밀고추장이 완전히 식은 다음 발효용기에 담으세요.

매실청은 설탕 대신 음식에 널리 쓰이는 양념이에요. 매실청으로 매실고추장을 손쉽게 만들 수 있어요. 옛날에 설탕은 매우 귀한 식재료였고 요즘처럼 흔하게 볼 수 없었어요. 청(淸)은 꿀에 재워서 만들었어요. 청이라는 한자의 의미에서 알 수 있듯이 꿀로 만들었지만, 설탕이 흔해지면서 설탕에 절이는 방식이 보편화되었답니다.

과일청이나 채소청은 설탕의 포화농도를 따져볼 때 조청이나 꿀의 80브릭스에는 못 미치지만 혀에서 느끼는 감미도는 조청보다 강하고 꿀보다 약해요. 고추장에 조청과 함께 다양한 청을 섞어 넣으면 엿고추장보다 달콤한 고추장을 만들 수 있어요.

마늘고추장은 보통 찹쌀고추장에 마늘을 더해서 만들지만 지역에 따라서는 보리고추장에 마늘을 넣어서 발효하기도 해요. 보리의 찬 성질에 마늘의 따뜻한 성질이 보태져서 몸이 찬 사람도 보리의 기능성을 건강하게 즐길 수 있어요. 마늘고추장은 찹쌀고추장 만들기에 다른 재료를 추가해서 만드는 방법을 소개하기 위해서 고른 만능고추장이에요. 이런 방식으로 만들 수 있는 전통 고추장은 대추고추장 · 감고추장 · 호박고추장 등이 있어요.

감고추장이나 호박고추장은 고추장 찹쌀식혜를 만들 때 감이나 호박을 넣어서

만들면 되기 때문에 별 어려움이 없어요. 마늘고추장은 찹쌀이나 보리를 선택할 수 있지만 대추고추장은 찹쌀고추장으로만 만들어요. 전통과일고추장인 대추고추장은 찹쌀고추장에 씨를 발라내고 푹 고은 대추를 체에 걸러서 넣어요. 마늘고추장은 찹쌀식혜를 끓일 때 마늘을 같이 넣고 삶아도 되지만 대추고추장은 미리 씨를 발라놓고 대추를 고아서 대추고를 만들어야 하는 까닭에 작업과정이 더 복잡한 셈이에요.

밀고추장도 단맛으로는 으뜸이라고 할 수 있는 전통 고추장이에요. 요즘 통곡물이 건강식으로 새롭게 주목받고 있어요. 보리는 대맥이라 하고 밀은 소맥이라고 해서 서로 친척관계의 곡물이에요.

보리는 물에 젖으면 끈기가 생기기 때문에 키질을 잘한 다음 마른 상태에서 가루를 내어 고추장을 만들어요. 통밀쌀도 글루텐 성분 때문에 끈기가 생겨서 물에 젖으면 빻기 힘들어요. 그래서 보리나 밀 모두 가루로 고추장을 만들면 간편하답니다. 더 나아가 마른 곡물가루로는 어떤 곡물이든 고추장을 만들 수 있어요. 메밀, 귀리, 호밀도 건강한 곡물로 고추장을 만들면 좋아요

밀고추장은 〈고추장 처음 교과서〉에서 소개한 밀가루를 엿기름으로 삭히는 방법 외에도 통밀쌀로 누룩을 띄워서 만드는 방식이 있어요. 보리고추장과 마찬가지예요. 그런데 해방 이후 해외 원조로 들어온 수입 밀가루가 널리 확산되면서 우리밀 재배를 거의 안하게 되어 띄운 밀고추장이 설 자리를 잃었어요. 띄운 밀로 고추장을 만드는 전통방식은 시골에나 가야 겨우 찾을 수 있을 만큼 명맥이 끊길 위기에 처해 있기도 해요.

최근에 우리밀 살리기 운동이 진행되고 있어 다행히 우리밀 농사가 되살아나고 있어요. 그나마 명맥을 간신히 이어가고 있지만 띄운 밀을 섞은 고추장 메줏가루가 판매되고 있답니다. 여러분들이 '밀샘'을 선택해서 고추장을 만든다면 손쉽게 띄운 밀고추장의 풍미를 느껴볼 수 있어요. 전통도 이어가고 일석이조랍니다.

3단계 심화편

3단계에서는 기능성 고추장을 6가지 만들어봐요.
전통 고추장도 있고, 퓨전 고추장도 있어요.
1, 2단계에 이어 3단계를 거치면서 이제는 자유자재로 내 손에 있는 재료로
어떤 고추장도 만들 수 있을 거예요.

1단계의 기본, 2단계의 응용에 이어서 다양한 재료의 특성에 따라
기능성 고추장을 DIY해 보는 마지막 단계예요.
엿기름을 넣지만 번거롭게 고추장 식혜를 만들지 않아도 되는
수수고추장은 덤이에요.

고구마고추장

고구마고추장은 곡식이 귀했던 경상도의 화전민들이 만들어 먹던 전통 고추장이에요.
장 건강과 혈압 등 성인병에 좋은 고구마를 넣어 좀더 건강한 고추장을 만들어요.

이런 음식에

- 달콤한 고구마향이 배어나는 고구마고추장은 특히 아이들이나 노약자들의 간식, 반찬에 두루 사용하면 좋아요.

발효와 숙성은

- 고구마고추장은 고구마의 섬유질이 분해가 잘 안 되어 발효가 더딘 편이에요.
- 고구마고추장은 찰지지 않고 색이 연하며 찹쌀과는 성질이 달라서 농도가 묽어지지는 않아요.

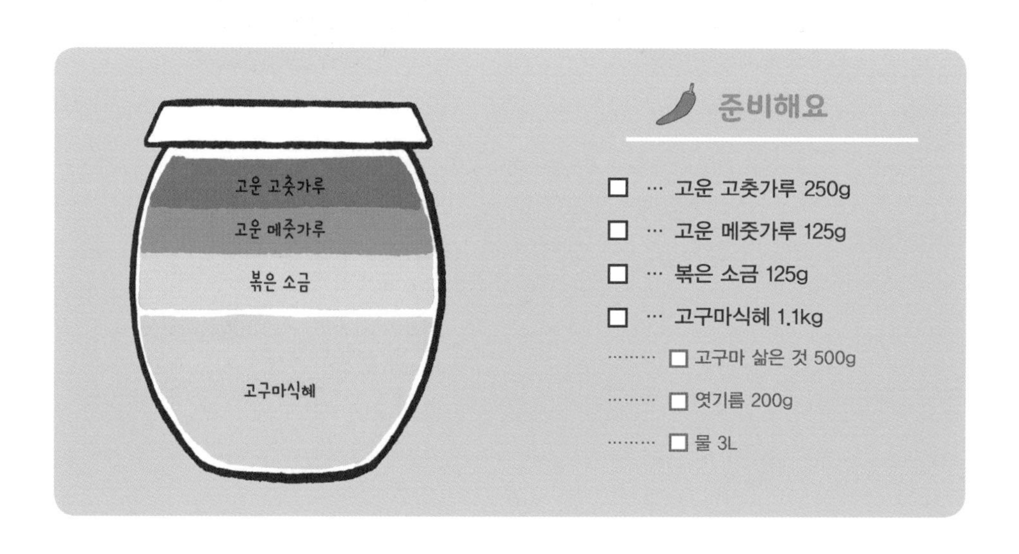

준비해요

- ☐ … 고운 고춧가루 250g
- ☐ … 고운 메줏가루 125g
- ☐ … 볶은 소금 125g
- ☐ … 고구마식혜 1.1kg
  - ……… ☐ 고구마 삶은 것 500g
  - ……… ☐ 엿기름 200g
  - ……… ☐ 물 3L

만들어요

1 고구마를 삶아서 껍질을 벗기고 으깨놓아요.

2 엿기름 200g을 면주머니에 넣고 물 1L에 담가서 주무른 다음 짜내서 곰솥에 넣으세요.

3 다시 물 1L에 넣고 면주머니를 주물러서 짜는 과정을 두 번 더 반복하세요.

4 엿기름물에 으깨놓은 고구마 500g을 넣고 50~70도 보온 온도에서 2~3시간 삭혀요.

5 엿기름물에 고구마가 다 삭았으면 약불과 중불에서 고구마식혜를 1.1kg 될 때까지 고아요.

6 고구마식혜가 뜨거울 때 볶은 소금 125g을 녹여요.

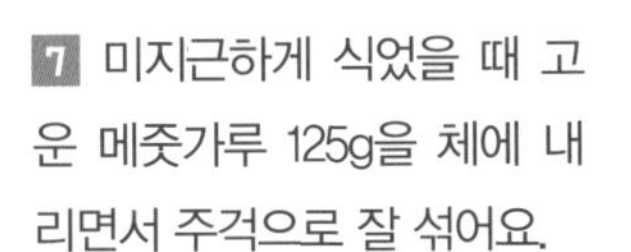

7 미지근하게 식었을 때 고운 메줏가루 125g을 체에 내리면서 주걱으로 잘 섞어요.

8 그다음 고운 고춧가루 250g을 체에 내리면서 주걱으로 잘 섞어요.

9 고구마고추장이 완전히 식은 다음 미리 소독해둔 발효용기에 담으세요.

호박고추장

호박고추장은 사찰에서 주로 만들어 먹은 대표적인 전통 고추장이에요.
원래는 늙은 호박으로 많이 만들지만 요즘에는 단호박으로 만들기도 해요.

이런 음식에

- 늙은 호박은 익을수록 당분이 늘어나고, 이 당분은 소화흡수가 잘 되기 때문에 위가 약한 사람이나 회복기 환자에게 좋은 식재료예요.
- 호박의 향을 살릴 수 있는 모든 음식에 두루 사용할 수 있어요.

발효와 숙성은

- 호박고추장은 고구마고추장처럼 발효와 숙성 초기에는 호박 특유의 향이 있어요. 그래서 독특한 향이 있는 늙은 호박으로 만들면 상당히 호불호가 나뉘는 편이에요.
- 호박고추장은 보관성이 좋아 오래 두고 먹을 수 있어요.

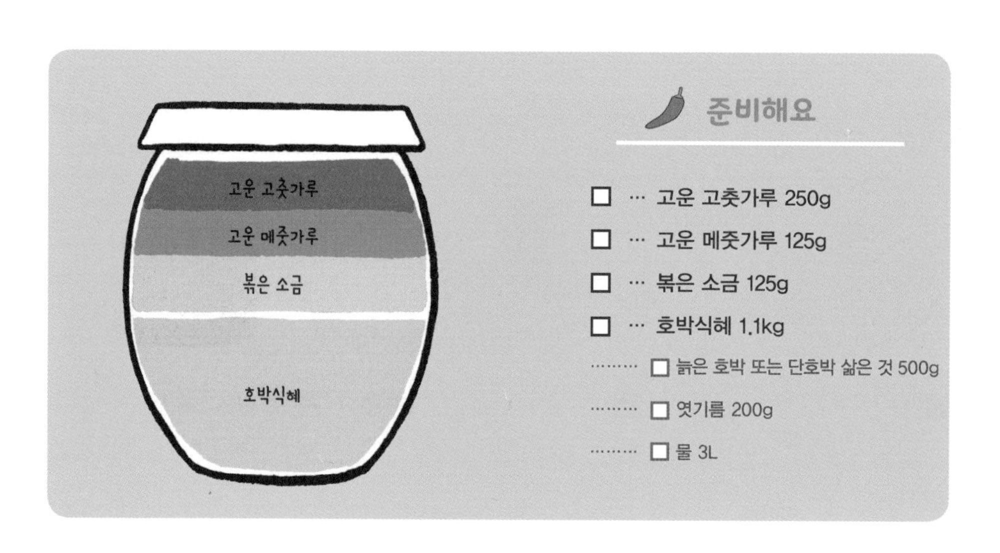

준비해요

- ☐ … 고운 고춧가루 250g
- ☐ … 고운 메줏가루 125g
- ☐ … 볶은 소금 125g
- ☐ … 호박식혜 1.1kg
  - ☐ 늙은 호박 또는 단호박 삶은 것 500g
  - ☐ 엿기름 200g
  - ☐ 물 3L

만들어요

1 호박은 반으로 갈라 씨를 빼고 찜기에 얹어서 찌세요. 쪄낸 호박의 껍질을 벗기고 으깨 500g만 준비하세요.

2 엿기름 200g을 면주머니에 넣고 물 1L에 담가 주무른 다음 짜내 곰솥에 넣으세요.

3 다시 물 1L에 넣고 면주머니를 주물러서 짜는 과정을 두 번 더 반복하세요.

4 엿기름물에 으깨놓은 호박 500g을 넣고 50~70도 보온 온도에서 2~3시간 삭혀요.

5 엿기름물에 으깬 호박이 다 삭았으면 약불과 중불에서 호박식혜를 1.1kg 될 때까지 고아요.

6 호박식혜가 뜨거울 때 볶은 소금 125g을 잘 녹여요.

7 호박식혜가 미지근하게 식으면 고운 메줏가루 125g을 체에 내리면서 주걱으로 잘 섞어요.

8 그다음 고운 고춧가루 250g을 체에 내리면서 주걱으로 섞으세요.

9 완전히 식은 호박고추장을 발효용기에 잘 담으세요.

수수고추장

수수는 예로부터 오곡밥에 들어가는 곡물로 중요하게 여겼어요.
약성이 강한 수수의 항산화 성분은 열을 가해서 졸인 다음에도 유지된다고 해요.

이런 음식에

- 수수고추장은 수수의 거친 식감이 그대로 고추장에도 나타나요.
- 수수고추장은 수수 자체가 단맛이 강렬해서 달달하기 그지없는 고추장이에요. 그래서 단맛에 어울리는 장아찌나 약성을 살릴 수 있는 약고추장 같은 데 사용하면 좋아요.

발효와 숙성은

- 수수고추장은 엿기름을 쓰지만 고추장 식혜를 만들지 않아요. 삭힌 엿기름을 고아서 만들지 않고 엿기름가루를 섞어두기만 하는 까닭에 반드시 하룻밤 재워서 발효과정을 거쳐야 해요.
- 고추장 식혜를 고지 않고 엿기름가루를 섞어서 만드는 고추장들은 발효와 숙성에 시간이 좀 걸리는 편이에요. 대신 갈변이 빠르지 않고 오래 두고 먹을 수 있는 보존성 좋은 고추장이에요.

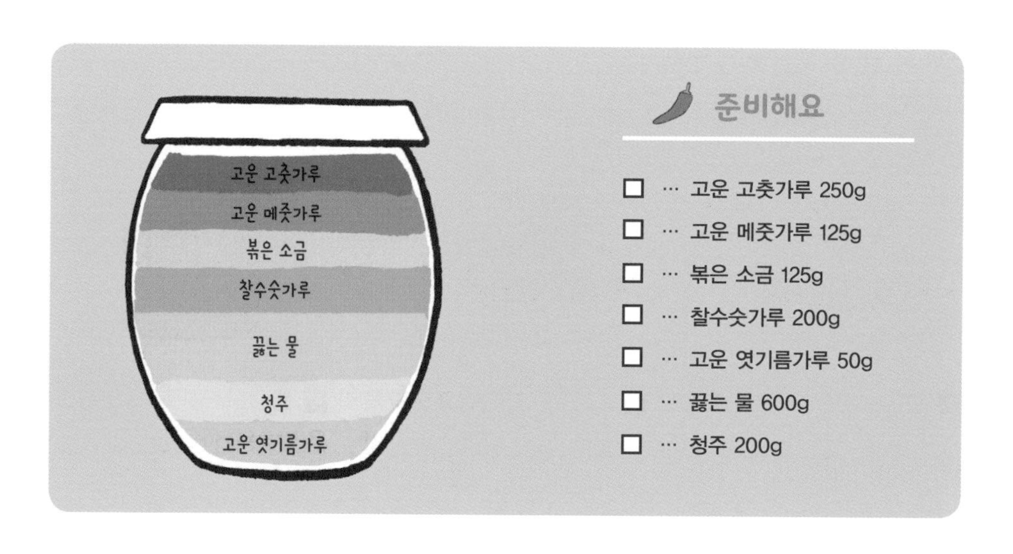

준비해요

- ☐ … 고운 고춧가루 250g
- ☐ … 고운 메줏가루 125g
- ☐ … 볶은 소금 125g
- ☐ … 찰수숫가루 200g
- ☐ … 고운 엿기름가루 50g
- ☐ … 끓는 물 600g
- ☐ … 청주 200g

만들어요

1 찰수숫가루 200g에 끓는 물 600g을 2~3 차례 나눠 넣으며 개어놓아요.

2 찰수수죽의 온도가 70도까지 내려가면 바로 고운 엿기름가루 50g을 섞어요.

3 뜨거울 때 볶은 소금 125g을 잘 녹여요.

4 미지근하게 식으면 고운 메줏가루 125g을 체에 내리면서 섞으세요.

5 고운 메줏가루와 볶은 소금을 섞은 찰수수죽을 하룻밤 재워두세요.

6 하룻밤 재운 찰수수죽에 고운 고춧가루 250g을 체에 내리면서 섞어요.

7 청주 200g을 넣고 농도를 맞춰요.

8 완성된 수수고추장을 소독해둔 발효용기에 담으세요.

Tip

농도를 맞출 때 소주를 넣으면 쓴맛이 나기 때문에 꼭 청주로 넣으세요.

양파고추장

양파고추장은 퓨전 고추장이라 할 수 있어요.
양파는 대표적인 양념이기도 하고 동서양 음식에 두루 쓰이는 식재료이기도 해서
고추장의 좋은 재료가 되어요.

이런 음식에

- 양파는 포도당 · 설탕 · 과당 · 맥아당 등이 포함되어 특유의 단맛이 있어요. 또 양파의 매운맛 성분은 열을 받으면 단맛이 증가하지요.
- 콜레스테롤을 낮추는 등 기능성 효능을 갖고 있어요.
- 양파고추장은 육류가 들어간 음식에 좋아요. 또 서양풍의 한식 음식과도 어울려요.

발효와 숙성은

- 과일이나 채소로 만든 고추장은 상하기 쉬운 편이에요. 조금씩 만들어서 먹는 게 좋아요.
- 보존성을 높이려면 조청을 더 넣으면 돼요. 단맛이 강한 것을 원하지 않을 때는 양파조청잼을 약불에 오래 졸여서 보존성을 높이세요.

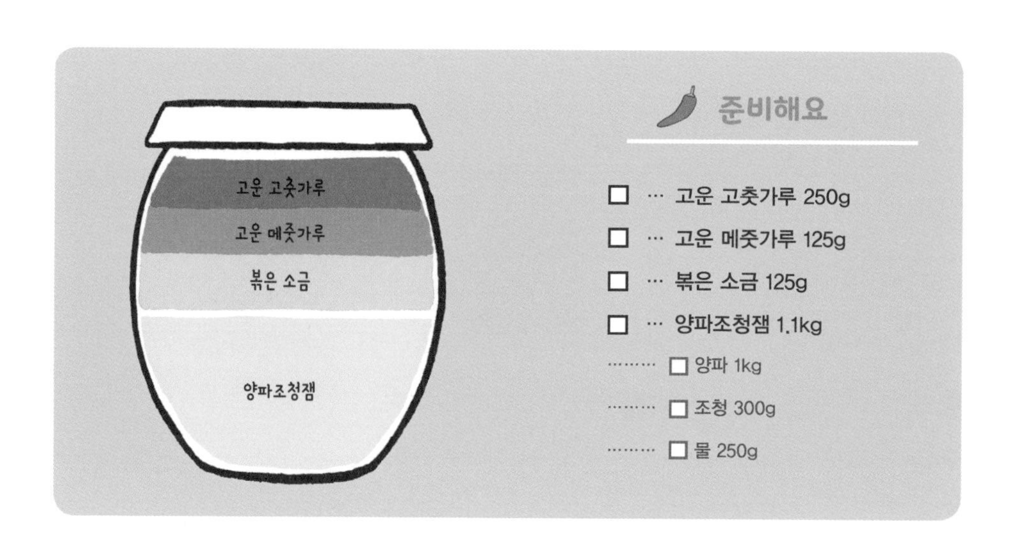

준비해요

- □ … 고운 고춧가루 250g
- □ … 고운 메줏가루 125g
- □ … 볶은 소금 125g
- □ … 양파조청잼 1.1kg
  - ……… □ 양파 1kg
  - ……… □ 조청 300g
  - ……… □ 물 250g

만들어요

1 양파 껍질을 다듬고 갈기 좋은 크기로 잘라요.

2 믹서에 썰어놓은 양파와 물을 넣고 곱게 갈아요.

3 간 양파를 800~900g 될 때까지 뭉근한 불에 졸여요.

4 졸인 양파에 조청 300g을 넣고 약불에 끓여서 양파조청잼이 1.1kg 될 때까지 졸여요.

5 양파조청잼이 뜨거울 때 볶은 소금 125g을 넣고 잘 저어서 녹이세요.

6 양파조청잼이 식으면 고운 메줏가루 125g을 체에 내리면서 잘 섞으세요.

7 그다음 고운 고춧가루 250g을 체에 내리면서 고루 섞으세요.

8 양파고추장이 완전히 식은 다음 발효용기에 담아 보관하세요.

Tip

양파껍질로 채수를 만들어서 넣으면 더 건강한 고추장을 만들 수 있어요.

토마토고추장

졸인 토마토를 넣어 고추장의 염도를 낮춘 양념고추장 열풍이 분 적이 있어요.
이번에는 처음부터 토마토를 넣은 토마토고추장을 만들어봐요.

이런 음식에

- 토마토는 글루탐산과 유기산이 풍부하여 기름지거나 쓴맛을 중화하고 다른 맛과 조화되는 능력이 탁월하기 때문에 천연조미료로 손색없어요.
- 토마토고추장은 기름이 들어가는 음식에 어울려요.
- 아이들을 위한 고추장을 만들 때 맵지 않은 고춧가루를 넣고 만들면 좋아요.

발효와 숙성은

- 과채류 고추장은 보존성이 낮아 적은 양을 만들어 빨리 먹는 것이 좋아요.
- 고추장을 만들고 15일 정도 발효과정을 거친 다음 냉장고에서 저온발효, 숙성시키세요.
- 더운 날씨에는 물을 많이 넣고 끓이고, 조청을 넣어서도 뭉근히 졸여서 사용하세요.

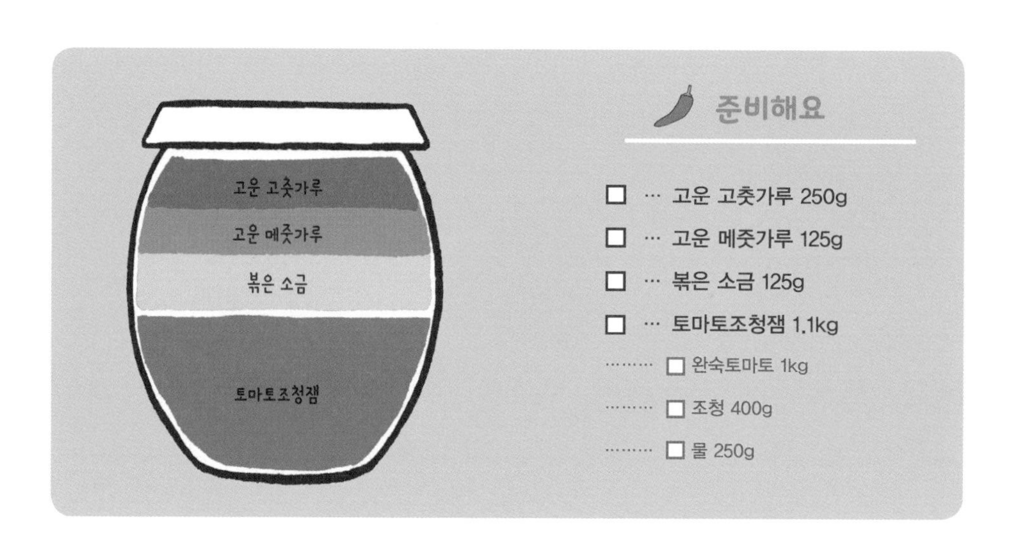

준비해요

- ☐ … 고운 고춧가루 250g
- ☐ … 고운 메줏가루 125g
- ☐ … 볶은 소금 125g
- ☐ … 토마토조청잼 1.1kg
  - ☐ 완숙토마토 1kg
  - ☐ 조청 400g
  - ☐ 물 250g

만들어요 

1 토마토에 칼집을 내고 뜨거운 물에 넣었다 건진 다음 껍질을 벗겨요.

2 껍질 벗긴 토마토는 잘라서 물 250g과 함께 믹서에 곱게 갈아놓으세요.

3 곱게 간 토마토를 700~800g 될 때까지 졸여요.

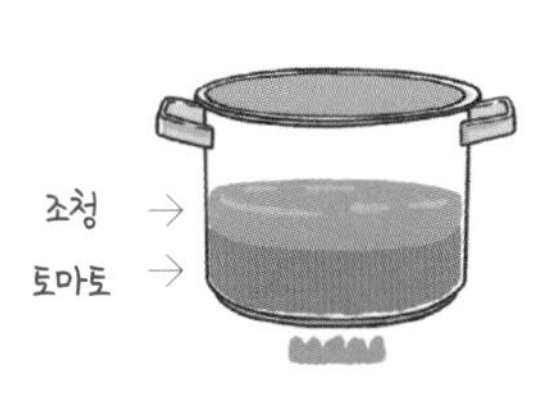

4 조청 400g을 넣고 약불에 끓여서 토마토조청잼이 1.1kg 될 때까지 졸여요.

5 토마토조청잼이 뜨거울 때 볶은 소금 125g을 고루 섞어서 녹여요.

6 토마토조청잼이 식은 다음 고운 메줏가루 125g을 체에 내리면서 잘 섞어요.

7 그다음 고운 고춧가루 250g을 체에 내리면서 고루 섞으세요.

8 토마토고추장을 완전히 식힌 다음 미리 소독해둔 발효용기에 담아요.

딸기고추장

딸기는 누구나 좋아하고, 또 유익한 기능성을 가진 과일이에요.
한 전통식품 명인이 딸기고추장을 만들면서 널리 알려진 고추장이에요.

이런 음식에

- 딸기고추장은 샐러드처럼 생으로 먹는 음식에 곁들이면 좋아요. 특히 딸기의 향을 살릴 수 있는 소스로 만들 때 사용해요.
- 매운맛도 줄이고, 짠맛도 좀더 줄여서 외국인이나 아이들에게 좋은 순한 고추장으로 만들 수 있어요.

발효와 숙성은

- 딸기조청잼을 만들 때 약불에 오래 조릴수록 보존성은 높아져요.
- 딸기 제철이 더울 때이기 때문에 15일 정도 발효시킨 다음 냉장고에서 저온발효, 숙성을 거치는 게 좋아요.
- 보존성을 높이려면 조청을 더 넣어서 만들어요.

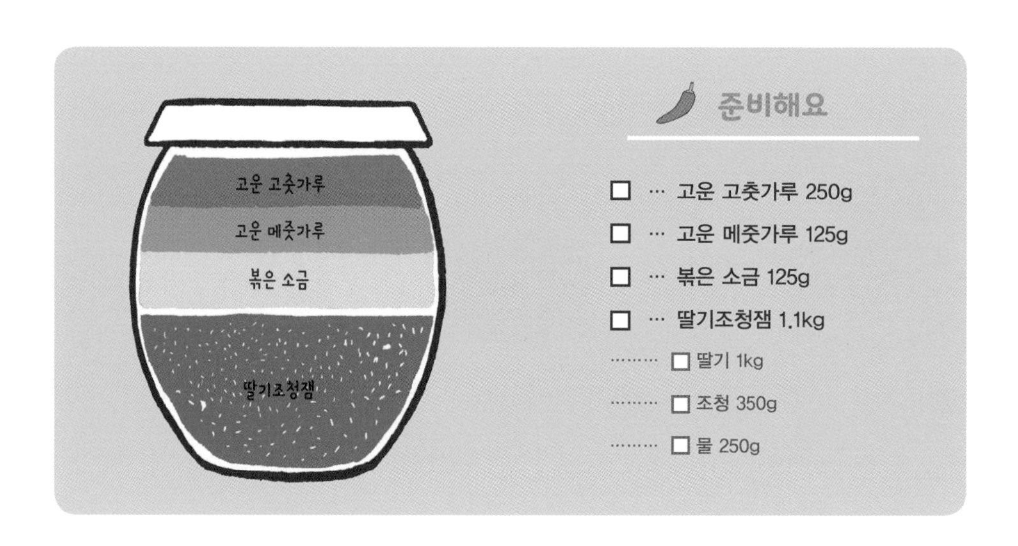

만들어요

1 딸기를 씻어 꼭지를 모두 따세요.

2 믹서에 딸기와 물 250g을 넣고 함께 갈아주세요.

3 곱게 간 딸기는 750~850g 될 때까지 졸여요.

4 조청 350g을 넣고 약불에 끓여 딸기조청잼이 1.1kg 될 때까지 졸여요.

5 딸기조청잼이 뜨거울 때 볶은 소금 125g을 고루 섞어서 녹이세요.

6 딸기조청잼이 식으면 고운 메줏가루 125g을 체에 내리면서 고루 잘 섞으세요.

7 그다음 고운 고춧가루 250g을 체에 내리면서 고루 잘 섞어주세요.

8 완전히 식은 딸기고추장을 미리 소독해놓은 발효용기에 담으세요.

고추장 만들기 마지막 3단계에서는 기능성 고추장 6가지를 다뤘어요. 어떤 고추장은 전통 고추장이고, 어떤 고추장은 전통방식을 변주한 퓨전 고추장이에요. 전통은 그대로 따른다고 미래로 이어지지는 않아요. 현재의 삶에 맞게 전통을 잘 활용해서 새로운 전통을 만들어내는 것이 중요해요. 발효 식문화의 꽃인 전통장이 다음 세대로 이어질 수 있는 길은 우리의 밥상에 매일 오르고, 미래의 세대들이 그 맛을 제대로 느낄 수 있을 때 비로소 펼쳐질 수 있어요.

고구마고추장은 퓨전 고추장일까 싶을 수도 있지만, 곡물이 귀한 지역에 살던 경상도 화전민들의 전통 고추장이에요. 고구마로 고추장을 만든다는 걸 처음 알았을 때는 정말 대단한 생활의 지혜라고 생각했어요.

고구마로는 고추장뿐만 아니라 별미 된장을 만들기도 한답니다. 자연스러운 단맛이 매력적인 고구마도 다양한 품종으로 개발되고 있어요. 몸에 좋은 각종 기능성 고구마로 만들면 우리 집만의 별미 전통 고추장이 만들어지는 셈이에요.

호박고추장은 대체로 사찰에서 전해지던 전통 고추장이에요. 민간에서도 향토음식으로 호박고추장을 만드는 곳이 제법 있어요. 지방의 전통장 업체에서 종종 호박고추장을 상품으로 팔기도 한답니다. 전통적인 호박고추장은 호박만으로 만들기보다는 호박과 찹쌀 또는 다른 곡물을 섞어서 만드는 방식이 일반적이에요.

고구마고추장과 호박고추장은 만드는 방법이 찹쌀고추장이랑 비슷하다고 볼 수 있어요. 고구마나 호박이 찰기가 부족한 편이라 찹쌀이랑 같이 만들면 풍미가 특별한 우리 집만의 고추장이 된답니다. 만일 고구마가루나 호박가루가 있다면 보리고추장 만들듯이 해서 즐길 수도 있어요. 보릿가루와 섞어서 보리고구마고추장, 보리호박고추장을 만들어도 좋고요. 고추장을 만드는 원리만 이해한다면 자유자재로 고추장 DIY가 된답니다.

수수고추장은 수숫가루로 풀을 쒀서 엿기름가루를 넣고 만드는 고추장이에요. 〈고추장 처음 교과서〉의 나머지 11가지 고추장은 엿기름으로 만드는 조청이 들어가거나 엿기름으로 곡물과 과채를 삭히는 방법으로 만들어요. 엿기름이 들어가기는 하지만 고추장 식혜를 만들지는 않는 방법도 책 속에 담고 싶었어요. 왜냐하면 밀고추장을 만드는 방법에도 이와 비슷한 것이 있기 때문이에요.

밀고추장의 하나인 밀가루고추장도 비슷하게 만들어요. 밀가루풀을 쒀서 엿기름물을 넣고 다른 재료를 섞어서 만드는 고추장은 단맛이 절제되어서 장아찌나 찌개용으로 적합하다고 해요. 〈고추장 처음 교과서〉에서는 엿기름물에 삭힌 밀가루를 고아서 밀고추장을 만들었기 때문에 단맛이 아주 강해요. 그런데 수수고추장 만들듯이 밀가루풀을 되직하게 쑤고 엿기름가루를 넣어서 밀고추장을 만들면 단맛이 부드러워져요. 밀가루고추장은 향토음식을 채록한 책에 자주 등장해요.

전통적으로 다른 고추장에도 엿기름물을 섞기만 하는 경우가 있어요. 이때 엿기름물은 엿기름을 불려서 걸러낸 물을 가볍게 끓인 다음 쓴답니다. 수수고추장에서는 수숫가루가 쉬 익는 곡물이다 보니 뜨거운 물만 부어서 수수죽을 만들어요. 수수죽을 적당히 식힌 다음 그냥 고운 엿기름가루를 넣기 때문에 엿기름물을 끓이지는 않아요. 미묘하게 차이가 있지만 곡물의 특성을 잘 살려서 달리 만드는 전통 고추장의 세계는 정말 놀랍답니다.

이렇게 고구마, 호박 같은 과채와 수수 같은 곡물고추장 이외에 3가지 고추장이 더 남아 있네요. 양파, 토마토, 딸기가 들어간 3가지 고추장은 전통 고추장의 방식을 접목한 퓨전 고추장이에요. 우리가 쉽게 접하는 과채류를 듬뿍 넣고 조청으로 졸여서 조청잼을 만드는 방식으로 전통 고추장에 접목해 봤어요. 엿고추장 만드는 방식의 변형이라고 할 수 있어요. 좀더 프레시한 풍미를 원한다면 조청 대신 설탕이나 과일주스를 넣은 과채잼으로 대체해도 괜찮아요. 물론 매실고추장 만들듯이 과채류로 만든 발효청을 섞어서 넣어도 괜찮고요. 다양한 DIY는 언제든지 환영할 일입니다.

양파고추장은 퓨전 고추장이에요. 풍미에서는 전통 고추장 가운데 마늘고추장이 양파고추장과 비슷한 역할을 할 것 같네요. 찹쌀고추장에 양파나 양파즙, 양파잼, 양파조청을 만들어서 섞는 방식으로 만들어도 나름 맛있는 고추장이 나올 법하네요. 마늘고추장 말고도 전통적으로 채소가 들어가는 전통장으로 고추장은 아니지만 별미 된장 청근장이 있어요. 맹물이 아니라 무를 고아서 소금으로 간하고 된장을 담았어요. 청근장은 단맛이 강하고 염도가 낮아서 건강한 별미 된장이에요.

토마토고추장도 양파고추장처럼 전통 고추장은 아니에요. 우리나라에 들어온 역사가 짧지만 온갖 음식의 부재료로 널리 쓰이므로 대표적인 퓨전 고추장으로 골라봅니다. 〈고추장 처음 교과서〉에서는 재료를 단순화해서 최소한으로 토마토와 조청만 넣고 만드는 방법을 선택했어요. 다른 향신채와 함께 만들면 자기 집만의 독특하고 개성적인 맛을 찾아낼 수도 있을 거예요. 양파와 토마토를 섞어서 만들어도 다용도로 음식에 활용할 수 있어요. 요즘 세상은 다품종 소량생산이 대세이고, 식생활에서도 자기에게 맞는 맞춤형 DIY가 필요해요.

마지막으로 소개하는 딸기고추장은 과일고추장이에요. 전통적으로 과일고추장의 양대산맥은 감고추장과 대추고추장이에요. 과일로만 만들지는 않고 곡물과 섞어서 고추장 식혜를 만드는 방식으로 만들어요. 전통식품 명인의 딸기고추장은 딸기청을 찹쌀고추장에 넣어서 만들었는데, 〈고추장 처음 교과서〉에서는 전통식품인 조청과 생딸기를 듬뿍 넣고 다른 방식으로 만들어봅니다.

각종 과일을 듬뿍 넣고 만든 다양한 과일고추장이 시중에 판매되고 있어요. 굳이 전통적인 식재료에만 얽매일 필요는 없어요. 원리만 안다면 전통방식으로 새로운 고추장을 다양하게 DIY할 수 있어요. 몸에 좋은 제철 과일로 자기 건강에 최적인 고추장을 만들어보는 것도 좋지 않을까요? 전통은 늘 새롭게 재해석되면서 보존된답니다.

칼칼하고, 매콤한 고추장!

입맛을 돋우는 발효양념의 으뜸인 고추장은 우리 밥상에 올리는 음식에

가장 많이 사용하는 양념이지요.

지금부터 무침 · 구이 · 조림 · 볶음 · 탕 · 찌개 등…

맛있는 고추장 음식을 쉬운 요리부터 단계별로 만들어봐요.

요리 전에 알아야 할 것도 살펴보고요.

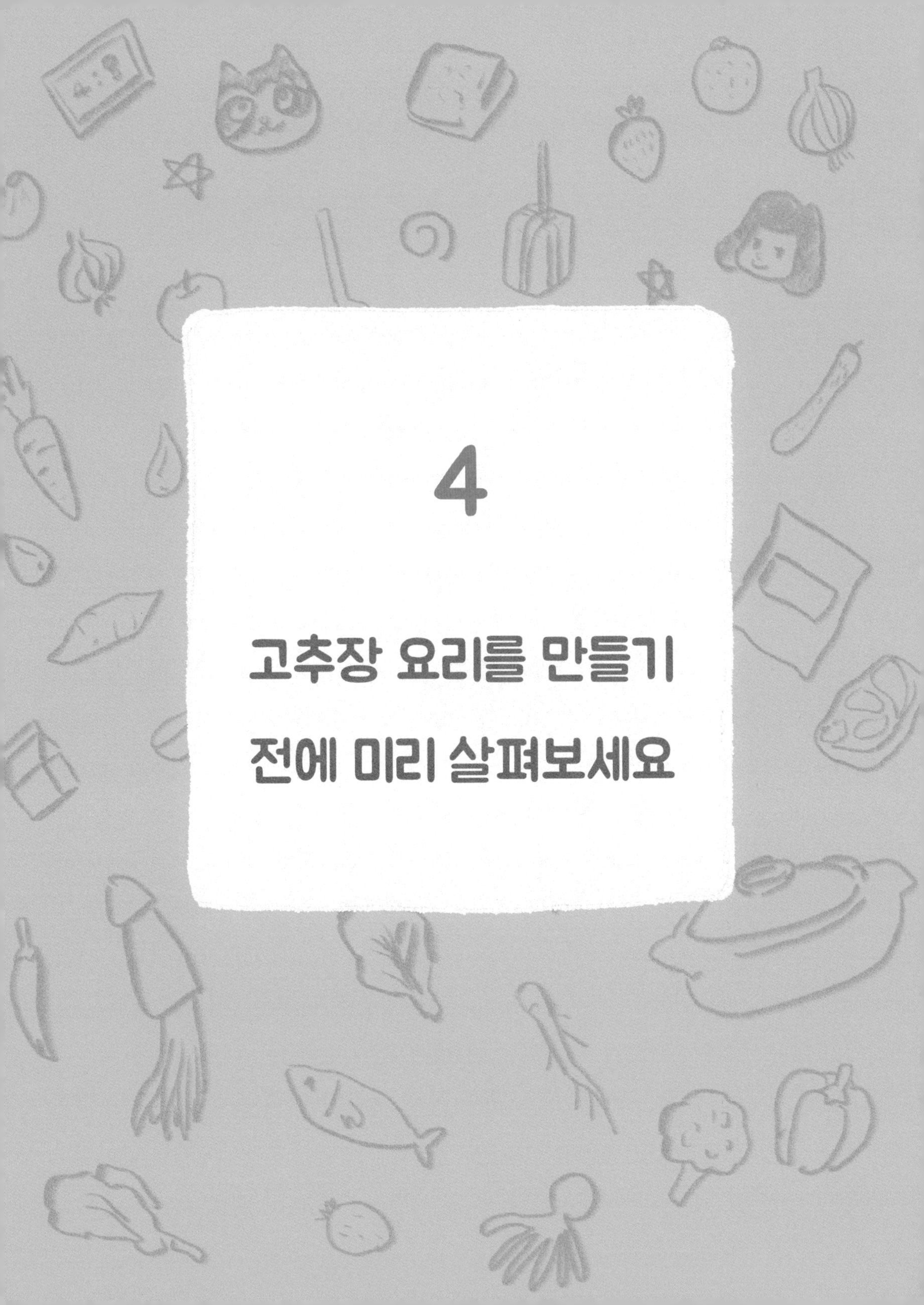

4

고추장 요리를 만들기 전에 미리 살펴보세요

음식 만들기 전에 미리 알고 가요

레시피 가이드

▣ 2인분 이상의 재료를 준비해야 할 경우는 별도로 표시해놓았어요. 음식의 양을 늘리고 싶을 때는 간을 조금 줄여야 합니다.

▣ 음식맛에 큰 영향을 주지 않는 재료의 경우는 '생략 가능'이라고 표시되어 있습니다. 또 대체할 수 있는 식품의 경우도 'ㅇㅇ으로 대체' 표기를 했습니다.

▣ 재료에서 간장은 전통간장을 사용하라는 의미로 '한식간장'으로 표기되어 있어요. 색이 맑아야 하는 음식에는 '맑은 한식간장'인 청장으로 표기합니다. 한식간장이 없어 진간장을 써야 할 경우에는 한식간장의 1.5배를 넣으면 간이 비슷해져요. 또 간장 색이 너무 진할 경우에는 간장의 양을 줄이고 소금으로 마저 간을 맞추도록 해요.

▣ 흰 물엿 대신 조청이나 올리고당을 사용하세요.

▣ 생강술이 없을 때는 청주나 맛술로 대체해도 됩니다. 생강을 쓸 때는 따로 조금 넣으세요.

▣ 볶음이나 무침요리에 들어가는 양념장은 102쪽에 실린 비법 양념고추장에서 골라 대체할 수 있습니다.

식품 계량방법

음식의 일정한 맛을 내는 데는 올바른 계량이 필요해요. 음식을 많이 해보면 눈대중이나 어림잡아 간을 맞추기도 하지만 초보자들에게는 어려운 일이지요. 맛있는 요리, 또 언제 만들어도 일정한 맛을 내는 요리를 만들려면 계량도구를 알고, 잘 사용하도록 하세요.

계량스푼

액체를 잴 때는 스푼에 넘치지 않는 양, 가루를 잴 때는 스푼을 편편하게 깎아냈을 때의 양이 기준이다.

1T(1큰술) = 15cc = 15mℓ

1t(1작은술) = 5cc = 5mℓ

계량컵

1C(1컵) = 200cc = 200mℓ

1L(5컵) = 1000cc = 1000mℓ

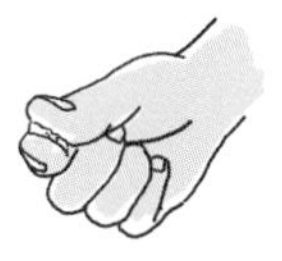

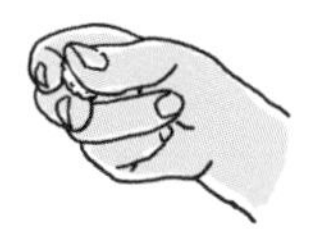

손대중

소금 약간(한 꼬집) : 엄지와 검지로 쥘 수 있는 양으로 약 1/4작은술 정도 되는 양

소금 적당량 : 엄지, 검지, 중지 세 손가락으로 쥘 수 있는 양. 약 1/2작은 술 정도 되는 양

음식 맛을 살리는

천연 맛가루 10가지

천연 맛가루는 천연 재료들을 건조하여 미리 분쇄해놓은 양념이에요.
음식의 종류와 특성에 맞게 사용하면 좀더 간편하게 감칠맛 나는 음식을 만들 수 있어요.

멸치가루

가장 많이 사용하는 천연 조미료라 할 수 있어요. 나물을 무칠 때 넣거나 된장국 · 찌개 · 전골 등의 구수한 멸치국물 맛을 낼 때 사용해요.

1 멸치 내장을 뺀 다음 달군 팬에 기름 없이 볶아 비린내를 제거해요.
2 식으면 분쇄기로 곱게 간 다음 체에 걸러 고운 가루만 보관했다가 사용해요.
tip 멸치를 전자레인지에 살짝 돌리거나 바람에 말려서 갈아도 돼요.

북어가루

이것도 멸치가루처럼 찌개 · 국 · 조림 · 죽 등에 아주 유용하게 쓸 수 있는 천연 맛가루예요.

1 통북어 껍질을 벗긴 다음 등뼈를 잘 발라내어 살만 골라내세요..
2 햇볕에 잘 말린 다음 분쇄기에 곱게 갈아 체에 걸러요.
tip 마른 팬에 살짝 볶으면 구수한 맛이 더해져요. 황태로 하면 더 맛있어요.

들깻가루

들깻가루는 나물무침 · 찌개 · 시래기된장국 등에 넣으면 구수한 맛이 나요. 해물찜이나 탕을 만들 때도 좋아요. 단, 들깻가루는 쉽게 산화되므로 밀봉하여 냉동 보관해서 사용하고 가급적 빨리 먹어야 해요.

1 들깨를 깨끗이 씻고, 조리로 잘 일어서 돌을 걸러내세요. 그리고 소쿠리에 받쳐 물기를 빼세요.
2 두꺼운 팬에 타지 않도록 약불에서 잘 볶아요. 손으로 문질렀을 때 가루가 날 때까지 볶으세요.
3 분쇄기로 빻아요.

tip 고운 들깻가루는 차나 나물무침 등 정갈한 음식에, 껍질을 벗기지 않고 빻은 들깻가루는 탕이나 육개장 같은 진한 요리에 사용하세요.

홍합가루

해물의 진한 맛과 향을 내고 싶을 때 나물이나 국물요리에 넣으면 좋아요.

1 말린 홍합에 묻은 이물질을 제거하고, 젖은 행주로 닦아요.
2 바람이 잘 통하는 곳에서 햇볕에 바싹 말려요.
3 분쇄기로 곱게 간 다음 체에 걸러 고운 가루를 사용해요.

날콩가루

날콩가루는 시래기국, 쑥국 같은 국물요리나 칼국수나 수제비 반죽에 넣으면 구수한 맛을 내요. 나물 볶을 때도 좋아요.

1 날콩을 깨끗이 씻고 물기를 제거하세요.
2 습기를 완전히 날리기 위해서 마른 팬에 살짝 볶아준 다음 분쇄기로 곱게 갈아요.

tip 바짝 볶은 콩가루는 떡고물이나 다식, 나물무침에 쓰여요.

다시마가루

찌개나 국 등 여러 가지 국물을 낼 때 시원한 감칠맛을 내요. 생선조림에도 좋아요. 다만 검은색에 맛이 짭짤하므로 흰 음식에 사용하거나 간을 맞출 때 잘 조절해서 넣으세요.

1 다시마 표면에 있는 흰가루를 털어내고 젖은 행주로 살살 닦고 말리세요.
2 잘 마른 다시마를 분쇄기로 곱게 갈아 체에 거른 다음 사용하세요.

tip 다시마가 덜 말랐다 싶으면 팬에 살짝 굽거나 전자레인지에 잠깐 돌려 수분을 없앤 다음 갈아주세요.

당근가루

당근가루는 떡, 죽, 수제비, 전, 어린이 간식을 만들 때 넣어요. 색도 예쁘고 달큰한 맛을 낼 수 있으므로 음식의 풍미가 좋아져요.

1 당근을 깨끗이 씻어 껍질을 벗기지 말고 얇게 썰거나 굵게 채썰어요.
2 채썬 당근을 채반에 널어 햇볕에서 바싹 말려요. 건조기에 말려도 괜찮아요.
3 분쇄기에 넣고 곱게 갈아요.

tip 채썰어서 말린 당근은 국물요리에 넣으면 식감도 좋고 맛있어요.

새우가루

새우가루는 달착지근하면서도 깊은 맛을 내 된장국 · 나물 · 구이 · 볶음 등에 다양하게 쓰여요.

1 마른 새우의 수염과 다리를 떼어낸 다음 체에 걸러 찌꺼기를 없애요.
2 달군 팬에 새우를 넣고 바싹 볶아요. 그 위에 살짝 청주를 뿌리면 잡냄새를 없앨 수 있어요.
3 식으면 분쇄기로 곱게 간 다음 체에 걸러요.

tip 청주를 분무기에 담아 뿌려주면 팬에 골고루 묻어 좋아요.

생강가루

생강은 쓰임새가 많은 재료 중 하나예요. 생선의 비린맛이나 고기의 누린내를 없앨 수 있어요. 또 소량을 넣으면 향도 좋고 신선한 맛을 느끼게 해요. 김치 · 생채 등을 할 때 양념뿐 아니라 다양한 요리에 사용돼요. 때로는 생강란이나 생강차, 과자를 만드는 데도 쓰여요.

1 생강을 물에 담가 흙을 씻고 껍질을 벗겨요.
2 덩어리를 뚝뚝 끊어 홈이 파인 곳에 있는 흙도 깔끔하게 제거하세요.
3 다음은 생강을 깨끗하게 씻어 얇게 편으로 썰어요.
4 끓는 물에 살짝 데쳐 건조기나 햇볕에 바싹 말리세요. 살짝 데치면 생강의 쓴맛이나 떫은 맛을 줄일 수 있어요.
5 바싹 마른 생강을 분쇄기에 갈고 체에 걸러요.

표고버섯가루

표고버섯가루는 시원하고 독특한 감칠맛을 내요. 또 버섯향이 좋아 곱게 가루를 낸 것은 조림이나 무침에 쓰고, 굵게 빻은 것은 찌개나 국에 사용해요.

1 잘 말린 표고버섯을 젖은 면포로 먼지를 털어내세요.
2 두꺼운 팬에 타지 않게 볶으세요.
3 분쇄기에 넣고 가루를 만드세요.

천연 맛가루 보관방법

모든 맛가루는 습기가 차지 않도록 밀폐용기에 넣어 만든 날짜를 적은 이름표를 붙여 냉장 또는 냉동 보관해주세요.

tip 천연 맛가루는 생협이나 백화점, 대형마트에서 판매되고 있어요. 첨가물이 안 들어간 순수 100%인지를 확인하고 사세요. 시간이 있으면 직접 만들어 쓰면 좋겠죠? 가격 면에서 큰 차이가 있어요.

요리할 때 미리 준비되어 있으면 간편해지는

기본양념

1. 짠맛을 줄이고 감칠맛을 더한 한식맛간장

한식간장의 염도를 맛내기 육수와 감칠맛을 내는 재료를 넣어 최대한 줄이기 위한 방법이에요. 또한 만들어놓으면 음식할 때 넣어야 하는 양념을 최소화할 수 있도록 만든 맛간장이에요. 보통 맛간장을 만들 때는 양조간장을 써요. 전통 고추장을 만들고 전통 고추장으로 음식을 만드는 〈고추장 처음 교과서〉에서는 한식간장을 기본으로 해요. 한식간장에 맛을 내줄 갖가지 식재료와 양념을 넣어 염도를 낮추면 조림이나 무침요리에 부담없이 건강하게 사용할 수 있어요.

전통방식대로 만든 한식간장은 잘 발효된 메주를 소금물에 담가 약 40일이 지나면 메주만 따로 건져내고 고운 천에 갈색으로 변한 소금물을 걸러냅니다. 이때는 아직 짠맛이 강한 소금물 상태예요. 항아리 안에서 햇볕과 바람을 쐬며 최소 1~2년의 숙성을 거쳐야 진한 풍미의 간장이 되며 감칠맛이 난답니다. 숙성 기간이 길수록 한식간장의 색도 짙어져요. 1년 된 것은 색이 맑아 청장이라 하고 오래 묵은 간장은 색이 진해져 진간장 또는 진장이라고 해요. 세월을 거듭할수록 발효로 생겨나는 유기산도 늘어나고 생리활성물질도 생겨나 오래될수록 맛과 영양도 풍성해져요.

이런 재료를 준비해요

주재료 : 한식간장 5컵, 조청 2컵, 청주 1컵, 육수 4컵, 사과 1개, 레몬 1개

육수 재료 : 물 8컵, 멸치 20g, 다시마(10×10cm) 3장, 건표고버섯 5개, 건고추 2개(고추씨 대체 가능), 양파 1개, 통후추 1큰술, 생강 1쪽, 파뿌리 5개, 무 200g

이렇게 만들어요

1 사과와 레몬을 깨끗이 씻어 편으로 썰어 놓아요.

2 마른 팬에 멸치를 볶아 비린맛을 날린 후 물 8컵과 육수 재료를 넣고 약불에서 4컵이 될 때까지 졸여 체에 걸러요.

3 육수와 조청, 청주를 넣고 끓이다가 한식간장을 넣으세요. 다시 끓을 때 사과와 레몬을 넣고 불을 꺼요.

4 하룻밤 지난 다음 걸러내고 병에 담아 사용해요.

좀더 간단하게 만들어 봐요

1 물 5컵 · 청주 · 양파 · 다시마 · 파뿌리 · 마늘 · 청홍고추 등을 넣고 뭉근하게 끓이다가 한식간장 1컵을 부으세요.

2 절반이 될 때까지 졸인 다음 체에 받쳐 건지를 걸러내세요.

3 유리병에 담아서 냉장 보관하면서 사용해요.

tip 냉장 보관하면 6개월까지도 쓸 수 있어요.

2. 음식의 풍미를 살려주는 향즙

향즙은 생선이나 고기를 밑간할 때 비린내 · 누린내 등 냄새를 잡아주고 연하게 해주며 음식의 풍미를 살려줍니다. 나물 · 조림 · 볶음요리 등 모든 재료의 밑간과 양념을 간편하게 할 수 있는 조미료로도 쓰여요. 음식의 깊은 맛과 향을 내고 싶을 때나 마늘이 없을 때 사용하면 좋아요.

이런 재료를 준비해요

재료 : 배 200g, 양파 200g, 마늘 200g, 생강 10g

이렇게 만들어요

1 향즙 재료 네 가지는 껍질을 벗기고 갈아서 즙을 짜세요.
2 맑게 거른 즙만 작은 병에 나누어 담아요. 큐브 모양의 얼음틀에 얼려 하나씩 꺼내 쓰면 편리해요.
3 냉동 보관하면 1달 정도, 냉장 보관하면 10일 정도 쓸 수 있어요.

tip

* 미리 준비해 둔 향즙이 없을 경우 마늘과 양파즙, 과일즙을 조금 넣어보세요. 음식 향이 좋아집니다.
* 짜고 난 건지는 떡갈비, 두부조림, 동그랑땡, 낙지나 오징어볶음 등 양념에 섞어 쓰세요.
* 강판에 갈거나 푸드프로세서를 이용하면 편리합니다.

3. 육류와 해산물의 비린내를 확실히 잡아주는 생강술

효과 만점인 생강술은 만들기 어렵지 않아요. 미리 생강에 청주를 부어 두었다가 청주가 들어가는 요리에 두루 사용하면 된답니다. 만들기도 쉽고, 만들어 두면 육류와 해산물의 비린내를 제거할 때 특히 좋아 유용하게 쓰이지요.

이런 재료를 준비해요

재료 : 생강 100g, 청주 600g(3컵)

이렇게 만들어요

1 생강 100g을 깨끗이 씻은 다음 껍질을 까고 편으로 썰어 갈아주세요.
2 열탕소독한 유리병에 갈아놓은 생강을 담고 청주 600g을 부어 일주일 정도 숙성시켜 주세요.
3 냉장 보관하면 3개월 정도 사용할 수 있어요.

tip

* 생강은 편썰거나 채썰거나 다지거나 어떤 방법으로 해도 상관없어요. 생강즙의 침출 속도가 다를 뿐이라 편한 대로 준비하세요.
* 청주의 양은 좀 적거나 많아도 상관없어요. 사용하던 생강술이 조금 남았으면 술을 1/2 정도 더 부어 재활용해도 된답니다.
* 생강은 혈액순환을 돕고 몸을 따뜻하게 해주어 감기예방에 좋아요. 콜레스테롤, 혈압과 혈당을 내려줘서 몸에 좋지만, 생강에 싹이 나거나 곰팡이 핀 것은 절대로 사용하지 마세요. 도리어 몸에 독이 됩니다.

4. 구수하고 감칠맛 나는 육수의 기본 멸치다시마육수

빠른 시간 내에 음식을 만들려면 미리 육수를 만들어 두세요. 육수는 쉽게 변하므로 냉장 보관해야 해요. 김치냉장고에 약 일주일 정도 보관할 수 있어요. 덧붙여 둔 간편한 '맑은 육수'는 하루 전에만 준비해도 된답니다.

이런 재료를 준비해요

재료 : 멸치, 디포리, 다시마, 대파, 파뿌리, 무, 양파, 과일껍질 말린 것, 양파껍질, 인삼뿌리, 북어대가리, 북어껍데기, 황기 등 집에 있는 식재료

이렇게 만들어요

1 냄비에 국물용 멸치 20g을 넣고 볶아 비린맛을 날려요.
2 물 10컵을 붓고, 다시마 · 파뿌리 · 파잎 · 무 · 양파 자투리 등 채소를 넣고 끓여요.
3 끓기 시작하면 7~8분 정도 후에 다시마를 건져내세요.
4 다시마를 건져낸 다음 5분 정도 더 끓이세요.
5 다 끓인 육수는 체에 걸러서 쓰세요.

✽ 좀더 쉬운 맑은 육수를 만들어봐요

끓인 물에 멸치를 넣어 하룻밤 우려내면 더욱 맑은 육수를 얻을 수 있어요. 북어대가리나 건표고버섯을 같이 담가도 맛이 우러나며 표고버섯은 건져서 음식에 쓰면 됩니다.

✽ 좀더 빠른 육수를 만들어봐요

육수를 끓일 여유가 없어 급하게 찌개를 끓여야 할 때는 멸치가루, 새우가루, 표고가루 등 천연 맛가루를 물에 넣고 바로 끓이세요.

tip

✽ 너무 오래 끓이면 쓴맛이 나고 국물이 탁해져요.
✽ 건져낸 다시마나 표고버섯은 잘게 다져 볶음밥을 하거나 채썰어 음식 고명으로 활용하세요. 보기에도 좋고, 맛과 영양도 함께 섭취할 수 있어 좋아요.
✽ 디포리나 북어대가리, 과일껍질 말린 것, 양파껍질, 통마늘, 인삼뿌리, 황기 등 다양하게 사용해도 됩니다.

5. 국물요리를 감칠맛 나게 하는 다시마육수

다시마육수는 다시마(10×10cm) 1장을 찬물 3컵에 넣고 5분 정도 끓인 다음 다시마를 건져내세요. 1인분 국물요리를 만들 때 쓸 분량이에요. 오래 담가두었다가 끓여도 되고 냉수에 하룻밤 담가 우려내도 맑은 다시마육수를 만들 수 있어요. 맛 성분인 글루탐산을 함유하여 감칠맛이 풍부해요. 가격도 저렴하고 만들기 쉬워 한식·일식요리에 많이 사용하고 있어요.

6. 부드럽고 구수한 국물 맛을 내주는 쌀뜨물

음식에 넣는 쌀뜨물은 쌀을 두 번 정도 씻어낸 다음 나오는 깨끗한 뜨물을 말해요. 쌀뜨물에는 비타민B1, B2 등 수용성 영양소가 녹아 있어요. 피부미백에 좋고, 냄새 흡착력이 뛰어나 냄새 제거할 때도 사용하세요. 우엉·죽순 등 아린 맛을 가진 채소를 삶을 때 이용하면 아린 맛이 제거되고, 채소맛이 부드러워져요.

된장, 고추장의 원료인 메줏가루, 고춧가루, 기타 당분은 입자가 커서 무거워요. 국물에 풀었을 때 골고루 분산되지 못하고 가라앉아요. 그래서 국이나 찌개를 끓여 놓아두면 웃물이 생기고 찌개 건지에도 국물 맛이 잘 배지 않아요. 쌀뜨물에는 전분이 많아서 가열하면 된장과 고추장의 무거운 입자를 고루 분산시켜 찌개에 웃물이 생기지 않을 뿐더러 매끄러운 감촉과 맛을 더해줘요.

만들어놓으면 조리는 쉽고, 음식 맛은 깊어지는

비법 양념고추장

1. 볶음 · 조림용 양념고추장

제육볶음 · 닭볶음 고기요리나 낙지볶음 · 오징어볶음 · 생선조림 등 생선요리에도 활용하면 좋아요. 고기나 생선요리 외에 더덕구이 등에도 사용하세요.

이런 재료를 준비해요

- 고추장 2큰술
- 고춧가루 4큰술
- 한식간장 2큰술
- 조청 2큰술
- 설탕 1큰술
- 표고버섯가루 2큰술
- 다진 파 2큰술
- 다진 마늘 2큰술
- 생강즙 1/2큰술
- 양파즙 2큰술
- 배즙 2큰술
- 청주 1큰술
- 후춧가루 1작은술
- 깨소금 1큰술
- 참기름 1큰술

tip

- 생강즙과 청주 대신 생강술 2큰술을 사용해도 좋아요. 생강즙 대신 다진 생강을 이용해도 됩니다.
- 음식에 따라 고추장과 고춧가루의 양을 기호에 맞게 조절하여 사용하세요. 특히 칼칼하고 매운맛은 고춧가루를 가감하여 넣으면 됩니다.
- 감칠맛을 내는 표고버섯가루가 없으면 대신 표고를 채 썰어 음식에 바로 넣어도 좋아요.
- 양념고추장은 음식재료 100g에 한 큰술 수북이 넣으면 적당해요.

2. 전골 · 찌개용 양념고추장

얼큰한 쇠고기전골, 버섯전골이나 부대찌개, 닭개장, 매운탕 등 국물요리에 사용하면 좋아요. 미리 양념장을 만들어놓고, 국이나 전골을 끓일 때 넣으면 양념이 겉돌지 않아 요리가 깔끔해지지요.

tip

- 매운탕 양념으로 쓸 경우 술을 넣어 잡냄새를 없애도록 하세요.

이런 재료를 준비해요

- 고추장 1큰술
- 굵은 고춧가루 3큰술
- 한식간장 1큰술
- 소금 1큰술
- 설탕 1/2큰술
- 청주 2큰술
- 다진 마늘 2큰술
- 생강즙 1/2큰술
- 양파즙 2큰술
- 후춧가루 1/2작은술

3. 무침 · 비빔용 양념고추장

비빔국수나 쫄면, 냉면 등 비빔면을 만들 때 양념으로 사용하세요. 또 오징어채무침이나 골뱅이무침 등 밑반찬을 만들 때도 넣을 수 있어요.

이런 재료를 준비해요

- 고추장 3큰술
- 고춧가루 5큰술
- 한식간장 2큰술
- 설탕 2큰술
- 조청 2큰술
- 다진 파 2큰술
- 다진 마늘 2큰술
- 생강즙 1작은술
- 맛술 2큰술
- 양파즙 2큰술
- 배즙 4큰술(또는 사과즙)
- 깨소금 1큰술
- 후추 1/2작은술
- 나중에 2배식초 2큰술(취향껏), 참기름 3큰술

tip

- 참기름과 식초는 양념에 섞어 두지 말고 나중에 넣으세요. 특히 식초를 넣어야 하는 음식일 경우 먹기 직전에 넣어주세요.

양념고추장을 만들면서 살펴봐요.

- 모든 분량의 재료를 한데 골고루 섞으면 됩니다.
- 양념의 배합이 잘 되었는지 확인합니다. 음식 맛의 중심인 간을 맞추는 일이 무엇보다 중요하지요. 또한 단맛과 감칠맛, 향이 조화롭게 어우러질 때 좋은 맛을 낸답니다.
- 간은 간장을 기본으로 하고, 색이 너무 진하다거나 간장 향을 좋아하지 않을 때는 소금을 섞어 사용해도 됩니다. 양념장으로 음식을 할 때는 기호에 맞게 양념을 더 추가해도 괜찮아요.
- 음식의 단맛은 설탕을 기본으로 하고 있지만, 천연 단맛을 내는 조청 · 매실청 · 유자청과 각종 효소 · 과일즙 등을 같이 이용하면 음식향과 맛을 증가시켜줍니다.
- 그 외에 멸치가루 · 표고버섯가루 · 새우가루 · 다시마가루 등 천연 조미료로 감칠맛을 더해준다면 맛깔스럽고 건강한 음식을 만들 수 있답니다.
- 고추장과 고춧가루의 양은 기호에 따라 조절하여 넣어도 됩니다. 칼칼한 매운맛이 좋으면 고춧가루를, 깊고 부드러운 매운맛을 느끼려면 고추장을 더 넣으세요.

양념고추장은 이렇게 보관해요.

- 양념고추장을 만들 때 레시피 분량보다 2~3배 정도 넉넉히 만들어두면 좀더 편하게 음식을 조리할 수 있어요.
- 양념고추장은 유리병이나 밀폐용기에 담아 냉장고에 넣고 먹도록 하세요.
- 양념고추장은 바로 사용해도 되지만 최소한 하룻밤은 재워두세요. 일주일 이상 숙성시키면 더 맛있어요. 한 달 정도 냉장 보관할 수 있어요.

5

고추장 요리를 시작해요

뚝딱 만드는 간식, 반찬, 안주요리

채소 스틱과 초고추장

초고추장이 있으면 새콤달콤매콤한 음식맛을 쉽게 낼 수 있지요. 채소 스틱만 있으면 훌륭한 밥반찬과 간식이 되지요.

tip 1 굳었거나 시어진 고추장이 있으면 버리지 말고 초고추장으로 만들어보세요.

tip 2 레몬즙이나 사과즙을 넣으면 농도가 묽어질 수 있어요. 이럴 때는 2배식초를 사용하세요.

tip 3 다진 생강이나 생강즙을 넣으면 맛이 개운해요. 더 매콤한 맛을 내고 싶으면 고운 고춧가루를 넣어보세요.

준비해요

주재료

- 오이 1개
- 당근 1개
- 야콘 1개
- 셀러리 1대
- 고구마 등 다양한 야채 약간씩

초고추장 재료

- 고추장 1/2컵
- 설탕 2큰술
- 레몬즙 3큰술
- 사과즙 2큰술
- 한식간장 1작은술
- 2배식초 1큰술
- 생강즙 1/2작은술
- 다진 마늘 1작은술
- 고운 고춧가루 1작은술

재료를 손질해요

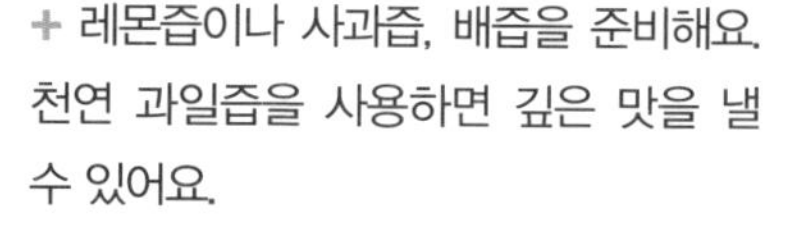

+ 레몬즙이나 사과즙, 배즙을 준비해요. 천연 과일즙을 사용하면 깊은 맛을 낼 수 있어요.

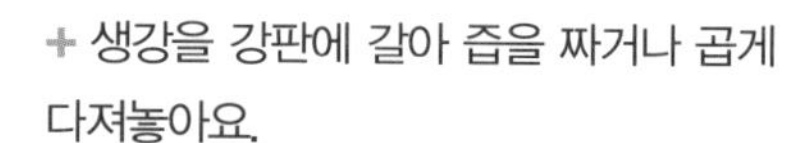

+ 생강을 강판에 갈아 즙을 짜거나 곱게 다져놓아요.

+ 마늘도 곱게 다져놓아요.

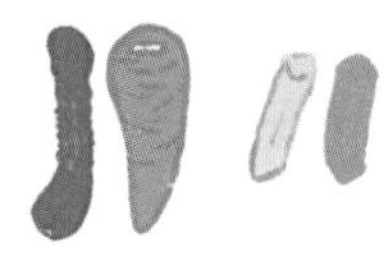

+ 채소를 깨끗이 씻어 손가락 굵기로 모두 잘라둡니다. 제철에 나오는 채소를 중심으로 기호에 맞춰 준비해요.

이렇게 조리해요

1 고추장에 먼저 설탕을 넣고 녹이세요.

2 고춧가루나 간장, 식초 등 나머지 재료를 넣고 골고루 섞으세요.

3 준비된 채소를 그릇에 세워 담으세요.

4 초고추장과 곁들여 냅니다.

좀더 쉽게

생과일즙 대신 과일주스로 사용해도 됩니다. 맛과 향은 생과일보다 덜할 수 있어요.

좀더 다양하게

사과, 배 외에 어떤 과일즙도 괜찮아요. 과일마다 가진 독특한 맛과 향을 즐길 수 있답니다.

좀더 알아보아요

한식에는 현미식초나 막걸리식초, 감식초가 더 어울려요. 식초를 고를 때는 천연발효식초 등 원재료의 함량이 높은 것으로 사용하세요.

오일이 없어도 맛과 향을 가득하게

채소 샐러드와 고추장 드레싱

채소를 맛있게 먹으며 건강도 높일 수 있는 방법이에요. 특히 오일을 사용하지 않으면서도 맛과 향을 높일 수 있는 드레싱이 곁들여지는 한식 샐러드예요.

tip 1 고추장 드레싱은 고추장의 칼칼함과 식초와 과일즙의 새콤달콤함이 잘 어우러져 독특한 맛을 냅니다. 취향에 맞게 양을 조절하면 됩니다.

tip 2 샐러드용 채소는 얼음물에 담갔다가 꺼내면 더 아삭한 식감을 즐길 수 있어요. 특히 양파는 찬물에 담가 매운맛을 뺀 다음 사용합니다.

준비해요

주재료

- 영양부추 50g
- 양파 30g
- 배 1/3개
- 대추 2개

드레싱 재료

- 고추장 1큰술
- 한식간장 1작은술
- 식초 1큰술
- 매실청(또는 유자청) 1큰술
- 과일청(또는 다진 과일) 1큰술
- 다진 양파 1큰술
- 다진 청홍고추 1작은술
- 통깨 1작은술
- 참기름 1작은술

재료를 손질해요

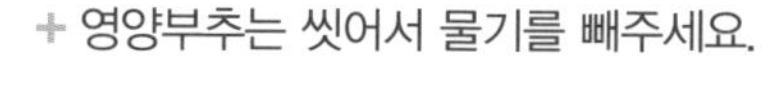

+ 영양부추는 씻어서 물기를 빼주세요.

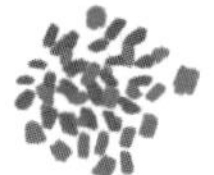

+ 고추장 드레싱을 만들어요.
  - 양파를 다져요.
  - 풋고추와 홍고추도 다져요.
  - 다진 것을 넣고 나머지 드레싱 재료와 모두 섞으세요.

이렇게 조리해요

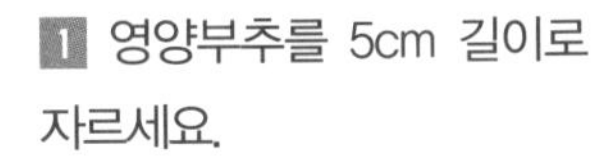

1 영양부추를 5cm 길이로 자르세요.

2 양파는 곱게 채썰어 찬물에 담가 매운맛을 빼도록 하세요.

3 배도 얇게 저며 채썰어 놓아요.

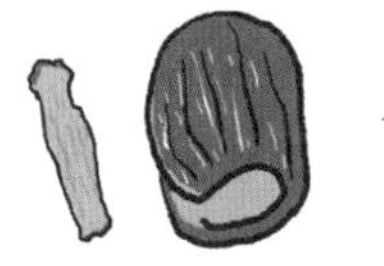

4 대추도 돌려깎기로 씨를 뺀 다음 채썰어 놓으세요.

5 부추나 양파, 배, 대추 등을 모두 섞어 접시에 담은 다음 드레싱을 뿌리세요.

좀더 다양하게

양상추, 치커리 등 다양한 쌈채소를 사용해서 샐러드를 만드세요. 또 오징어나 새우살 등을 살짝 데쳐 곁들여도 좋습니다.

좀더 맛있게

사과, 파인애플 등 제철 과일을 곱게 다져 드레싱에 넣으면 식감도 좋고, 다양한 맛을 즐길 수 있어요.

좀더 알아보아요

채소를 찬물에 담갔다가 채에 받쳐 냉장고에 넣어두세요. 채소의 아삭한 맛이 더 살아난답니다.

양배추의 맛을 그대로 즐기는

양배추쌈과 저염쌈장

고추장에 된장을 섞고, 청국장을 더하면 저염쌈장이 된답니다. 이렇게 하면 짜지 않은 쌈장도 되지만 청국장을 생으로 먹을 수 있어 더 좋습니다.

tip 1 쌈장은 고추장과 된장을 섞거나 양념한 막장을 두루 일컫는 말이에요. 된장과 고추장의 배합 비율에 따라 각각 다른 맛이 나옵니다.

tip 2 된장과 함께 청국장을 넣어 염도를 최대한 낮추어요. 청국장은 무염이거나 1% 정도의 염도를 가지고 있어요.

tip 3 쌈장을 더 짜지 않게 하려면 첫째, 두부를 꼭 짜서 으깨넣거나 둘째, 삶은 메주콩 또는 흰 강낭콩을 넣거나 셋째, 견과류를 넉넉하게 다져넣으면 됩니다.

준비해요

주재료

- 양배추 1/4통
- 고추장 2큰술
- 된장 2큰술
- 청국장 2큰술

쌈장 재료

- 다진 양파 2큰술
- 다진 마늘 1/2큰술
- 다진 대파 1큰술
- 참기름 1큰술
- 조청 1큰술
- 통깨 1큰술

재료를 손질해요

+ 프라이팬에 된장과 참기름을 넣고 살짝 볶으세요.

+ 다진 양파, 다진 마늘, 다진 대파를 넣고 한 번 더 살짝 볶아요.

+ 나머지 재료를 넣고 모두 섞어 쌈장을 만드세요.

이렇게 조리해요

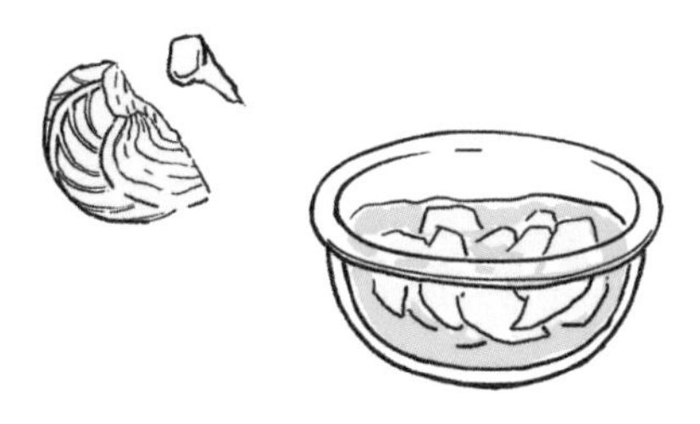

1 양배추 심지를 잘라낸 다음 찬물에 담가 한 겹씩 떼어내세요.

2 끓는 물에 한꺼번에 넣지 말고 예닐곱 조각씩 1분 30초 정도 데쳐내세요.

3 데친 양배추를 바로 찬물에 헹군 다음 체에 받쳐 물기를 빼세요.

4 양배추를 접시에 담고 쌈장과 곁들여내세요. 그러면 양배추의 아삭한 식감을 살릴 수 있습니다.

좀더 쉽게

청국장이 없을 때는 된장 1, 고추장 1의 비율로 기본 쌈장을 만들어도 됩니다.

좀더 건강하게

천연 맛가루나 멸치살을 굵게 부셔 넣으면 구수한 맛을 더할 수 있어요. 다른 채소나 쌈다시마와 곁들여도 좋아요.

좀더 알아보아요

쌈장에 청국장을 넣으면 유익한 바실러스균을 그대로 섭취할 수 있어 더욱 건강한 식단이 됩니다.

향기로운 나물로 봄을 먹어요

비름나물무침

비름나물은 봄에서 초가을까지 어린 순을 뜯어 데쳐서 무침이나 볶음으로 먹을 수 있어요. 비름나물은 특히 비타민A가 많아 건강 증진에 좋답니다.

tip 1 비름나물을 고를 때는 잎과 줄기가 연하고 부드러운 것을 고릅니다.

tip 2 데칠 때는 채소가 잠길 정도로 넉넉하게 물을 넣고 팔팔 끓을 때 소금을 약간 넣어 뚜껑을 연 채로 짧은 시간에 데쳐냅니다.

tip 3 비름나물은 쓴맛이 없고, 맛이 담백하므로 데친 다음 찬물에 한 번만 헹구도록 하세요.

준비해요

주재료

- 비름나름 데친 것 200g(1단)

무침양념 재료

- 고추장 1큰술
- 된장 1작은술
- 다진 파 1큰술
- 다진 마늘 1작은술
- 들기름 1큰술
- 깨소금 반 큰술

재료를 손질해요

+ 먼저 비름나물의 굵고 질긴 줄기를 잘라 다듬어 놓으세요. 비름나물을 깨끗이 씻으세요.

+ 끓는 물에 소금을 약간 넣어 데치세요.

+ 찬물에 헹군 다음 물기를 꼭 짜둡니다.

이렇게 조리해요

1 꼭 짜둔 비름나물을 먹기 좋은 길이로 자르세요.

2 양념 재료를 볼에 넣고 모두 섞으세요.

3 나물을 볼에 넣고 손으로 조물조물 무칩니다. 양념이 골고루 잘 배어들 때까지 합니다. 간을 보아 싱거우면 한식간장이나 소금을 넣어주세요.

4 나물을 접시에 담을 때는 손을 살살 털듯이 풀어서 소복하게 담아냅니다.

좀더 쉽게

데쳐놓은 나물을 사서 만들면 좀 더 편할 수 있어요. 비름나물을 살 때 줄기가 붉은색이면 오래된 것이므로 고르지 않도록 합니다.

좀더 특별하게

단맛을 더하려면 매실청을, 싱거울 때는 한식간장을 추가하면 됩니다. 또 초고추장 양념을 만들어 새콤달콤하게 무쳐도 맛있답니다.

좀더 알아보아요

비름나물은 체력증진에 좋고 꾸준히 먹으면 변비해소에도 도움이 된답니다. 특히 비타민A가 많아 안과질환에 효과가 있습니다.

봄철 건강을 지켜주는

방풍나물무침

갯바람을 이겨내고 자랐다고 하여 방풍나물이라 합니다. 방풍나물은 중풍질환에 특히 좋다고 알려져 있지만 그 밖에도 관절염, 기관지염, 환절기 감기, 미세먼지나 황사 등을 예방하는 효능이 있어 특히 봄철 건강식품으로 좋아요.

tip 1 방풍은 잎과 줄기가 약간 질겨 데치는 시간이 좀더 걸립니다. 제일 굵은 줄기 부분을 손으로 눌러보면 잘 데쳐졌는지 확인할 수 있어요.

tip 2 나물을 데칠 때 소금을 넣으면 색감이 선명해집니다.

tip 3 방풍나물은 따뜻한 성질을 가지고 있어 생선 등 해산물과 먹으면 좋아요. 연한 잎은 날것 그대로 쌈채소로 이용해도 됩니다.

준비해요

주재료

- 방풍나물 200g
- 소금 1작은술(데침용)
- 통깨 1큰술

무침양념 재료

- 고추장 2큰술
- 들기름 1큰술
- 다진 마늘 1작은술
- 다진 파 1큰술
- 매실청 1큰술

재료를 손질해요

+ 방풍나물은 억센 줄기를 자르고 다듬어서 씻으세요.

+ 끓는 물에 소금을 넣고 3~4분 데치세요.

+ 찬물에 2~3번 헹군 다음 물기를 꼭 짜세요. 나물은 적당한 수분이 있어야 양념이 골고루 배어요. 그래서 비틀어 짜지 말고 눌러서 짜세요.

이렇게 조리해요

1 볼에 고추장, 들기름, 다진 마늘 등 양념을 모두 섞어 양념장을 만들어요.

2 짜놓은 나물을 먹기 좋게 썰어 양념이 골고루 배도록 조물조물 무치세요.

3 양념된 나물을 손으로 털어서 풀어준 다음 통깨를 넣고 마지막으로 살짝 무치세요.

4 그릇에 보기 좋게 소복하게 담으세요.

좀더 쉽게

다듬고 데치는 것이 쉽지 않을 때는 삶아서 판매하는 나물을 이용하세요.

좀더 다양하게

양념장을 이용해서 두릅이나 쑥, 돌나물, 냉이, 달래, 씀바귀, 유채순 등 다양한 봄나물무침을 만드세요. 봄나물은 비타민, 무기질이 풍부해서 춘곤증을 이겨내게 해요.

좀더 특별하게

방풍나물은 된장양념이나 고추장과 된장을 섞은 양념으로 무쳐도 맛있어요. 특히 봄철에는 초고추장에 새콤달콤하게 무쳐 먹어도 좋아요.

아이의 마음으로 돌아가게 하는

떡꼬치

겉은 바삭하고, 속은 말랑말랑한 매콤달콤 간식이어서 아이들부터 누구나 좋아할 수 있는 음식이에요. 특히 새콤한 매실고추장으로 만들면 가장 잘 어울려요.

tip 1 굳은 떡을 사용할 때는 끓는 물에 데쳐 말랑하게 만든 다음 사용하세요.

tip 2 꼬치에 떡을 꿸 때는 평평한 도마 위에 놓고 해야 일정한 높이로 할 수 있어요.

tip 3 떡을 꼬치에 꿴 채로 튀기면 떡이 터지며 기름이 튈 수 있으니 주의해야 합니다.

재료를 준비해요

주재료

- 떡볶이떡 300g
- 꼬치 8개
- 포도씨유 2큰술

- 땅콩 10알

양념 재료

- 매실고추장 1큰술
- 토마토케첩 1/2큰술
- 고춧가루 1/2큰술(생략 가능)
- 한식간장 1/2큰술
- 조청 2큰술
- 설탕 1/2큰술
- 다시마물 2큰술
- 다진 마늘 1작은술
- 깨소금 1큰술
- 참기름 1작은술

재료를 손질해요

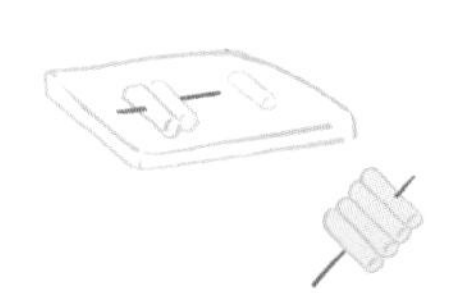

+ 말랑말랑한 떡볶이떡을 꼬치에 4~5개씩 꿰어두세요.

+ 양념은 참기름을 제외하고 모두 섞어 바르르 끓여두세요.

+ 양념장이 식으면 참기름을 넣어 섞어주세요.

+ 땅콩은 껍질을 까고 다져 놓아요.

이렇게 조리해요

1 꼬치에 꿴 떡은 포도씨유를 두른 팬에 중불 이하에서 앞뒤로 뒤집어가며 노릇하게 양면을 지져내요.

2 노릇하게 구운 떡에 양념장을 바른 다음 다시 한번 구워내요.

3 뒤집어서 다시 한번 더 구우세요. 구워낸 떡에 끓인 양념을 바로 발라먹어도 돼요.

4 구운 떡꼬치를 접시에 담고, 그 위로 다진 땅콩을 뿌려서 장식합니다.

좀더 쉽게

양념장을 전자레인지에 1분 30초 정도 돌린 다음 사용하면 좀더 빠르게 만들 수 있어요.

좀더 다양하게

떡 사이에 소시지나 어묵을 섞어 꼬치를 만들면 다양한 맛을 즐길 수 있어요.

좀더 특별하게

매콤한 맛을 좋아한다면 양념을 만들 때 핫소스를 조금 넣으세요.

다양한 간식을 풍덩! 함께 즐기는

국물떡볶이

얼큰한 고추장 국물을 넉넉하게 하여 달걀이나 순대, 라면, 당면, 튀김 등을 넣어 먹을 수 있는 간식이에요.

tip 1 국물떡볶이의 맛을 좌우하는 것은 육수랍니다. 멸치, 다시마, 파뿌리, 건새우, 양파, 무를 끓이면 맛있는 육수가 됩니다.

tip 2 쌀떡은 쫄깃하고 찰지며, 밀떡은 부드러우며 양념이 잘 배어드는 특징이 있습니다.

tip 3 굳은 떡일 경우 끓는 물에 데친 다음 쓰세요. 현미떡은 쉽게 익어 그냥 사용해도 됩니다.

준비해요

주재료

- 떡볶이떡 300g
- 어묵 150g
- 멸치 10마리
- 다시마(10×10cm) 1장

- 삶은 달걀 2개
- 대파 1대
- 통깨 1작은술

양념 재료

- 고추장 2큰술
- 고춧가루 1큰술
- 다진 마늘 1작은술
- 한식간장 1작은술
- 설탕 1큰술
- 멸치다시마육수 3컵

재료를 손질해요

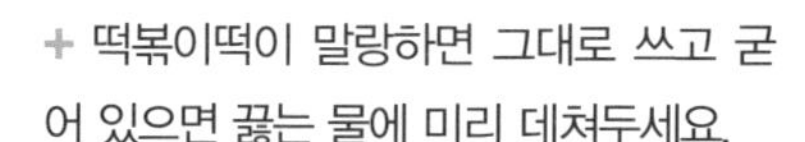

+ 떡볶이떡이 말랑하면 그대로 쓰고 굳어 있으면 끓는 물에 미리 데쳐두세요.

+ 어묵은 떡이랑 크기를 맞춰서 썰어두세요. (떡 길이로 직사각형 썰기, 삼각 썰기, 사다리형 썰기)

+ 대파도 떡이랑 같은 길이로 큼직하게 썰어 놓으세요.

+ 양념 재료를 모두 섞어 놓아요.

이렇게 조리해요

1 육수 끓일 냄비에 먼저 멸치 10마리를 넣고 볶아 비린내를 날리세요.

2 볶은 멸치에 물 4컵과 다시마를 넣고 끓기 시작하면 7분 후에 모두 걸러내세요.

3 깊숙한 팬에 육수와 양념, 어묵을 넣고 끓이다가 떡과 삶은 달걀을 넣으세요.

4 떡에 맛이 배어들면 대파를 넣고 불을 끄세요.

5 우묵한 접시에 국물과 함께 넉넉하게 담아내고 그 위로 통깨를 뿌리세요.

좀더 다양하게 1

국물을 좀더 늘리고 싶으면 육수 1컵에 고추장 반 큰술을 추가하세요. 또 국물을 줄이고 싶으면 육수를 1컵 줄이세요.

좀더 다양하게 2

매운맛은 고춧가루를 늘리거나 줄이는 것으로 조절하세요. 아이들 용으로는 케첩으로 대체해도 좋아요.

좀더 특별하게

준비 재료 외에 버섯이나 오징어, 곤약 등을 넣어 색다른 떡볶이를 만들어보세요.

아삭함과 쫄깃함이 조화를 이루는

양배추오징어채무침

양배추의 아삭한 맛과 오징어채의 씹는 식감이 매콤달콤한 양념과 어우러져 입맛 돋우는 밑반찬이 돼요.

tip 1 오징어채를 그대로 사용하지 말고 물에 한 번 헹궈낸 다음 찜통에 쪄서 사용합니다. 김이 오르기 시작하여 3분 정도 쪄내면 됩니다. 위생적이기도 하고, 조리한 다음에도 오징어가 딱딱하지 않고 부드럽답니다.

tip 2 양배추는 농약이 직접 닿는 겉잎을 떼어내고 필요한 만큼 잘라서 손질하세요. 양배추가 잠길 정도의 물에 베이킹소다나 식초를 넣고 5분 정도 담가두세요. 그런 다음 찬물에 두세 번 헹궈서 사용하세요.

준비해요

주재료

- 양배추 100g
- 오징어채 100g
- 양파 1/4개

- 참기름 약간
- 통깨 1작은술

무침양념 재료

- 고추장 2큰술
- 고춧가루 3큰술(취향껏)
- 다진 마늘 1/2큰술
- 다진 파 2큰술
- 조청(또는 올리고당) 2큰술
- 식초 2큰술
- 설탕(또는 매실청) 1큰술
- 후춧가루 1/4작은술

재료를 손질해요

+ 양배추와 양파는 씻은 다음 채썰고 체에 받쳐 물기를 빼두세요.

+ 오징어채는 긴 것은 적당한 길이로 자르고, 굵은 것은 반으로 갈라서 모양을 맞추세요.

+ 다음은 오징어채를 물에 씻어낸 다음 찜통에 2~3분 정도 살짝 찌세요. 찜기가 없을 때는 전자레인지에 뚜껑을 덮어서 1분 정도 돌려도 됩니다.

이렇게 조리해요

1 양념 재료를 모두 넣고 골고루 섞으세요.

2 양념 3분의 2를 덜어서 오징어를 먼저 무치세요.

3 고루 양념이 밴 오징어채에 나머지 양념 3분의 1과 양배추채와 양파채를 모두 넣고 섞으세요.

4 접시에 담은 다음 통깨를 뿌려 마무리하세요.

좀더 쉽게

양배추는 칼로 고운 채를 썰기가 쉽지 않아요. 양배추용 채칼을 이용하면 쉽고 깨끗하게 할 수 있어요.

좀더 특별하게

양배추 대신 무말랭이를 넣어도 쫄깃한 식감이 오징어채와 잘 어울려요. 무말랭이는 물에 씻은 다음 멸치액젓을 약간 넣고 밑간해서 오징어채와 무쳐요.

좀더 알아보아요

양배추와 오징어채를 함께 무치면 양배추의 수분이 오징어채를 부드럽게 해주고, 양념 후에도 물이 잘 생기지 않아요.

언제나 도시락 반찬으로 으뜸인

오징어채고추장볶음

오징어채 요리는 만들기 간단하면서도 누구나 좋아하는 밑반찬이에요. 특히 도시락 반찬으로는 으뜸이지요. 김밥 속재료로도 좋아요.

tip 1 오징어채를 물에 한 번만 헹구고 청주를 살짝 뿌려 찜통에 쪄서 사용하세요.

tip 2 마요네즈로 오징어채를 버무리면 촉촉하기도 하고 코팅을 한 듯 윤기가 납니다.

tip 3 양념을 한 오징어채를 불에서 오래 볶으면 딱딱하고 질겨집니다. 양념이 배어들 정도로만 가볍게 볶으세요.

준비해요

주재료

- 오징어채 200g
- 마요네즈 2큰술
- 청주 1큰술

- 참기름 1큰술
- 통깨 1큰술

양념 재료

양념 1
- 다진 마늘 1큰술
- 포도씨유 2큰술

양념 2
- 고추장 2큰술
- 조청 2큰술
- 고운 고춧가루 1큰술
- 식초 1큰술
- 매실청 1큰술
- 한식맛간장 1작은술
- 생강즙 1작은술

재료를 손질해요

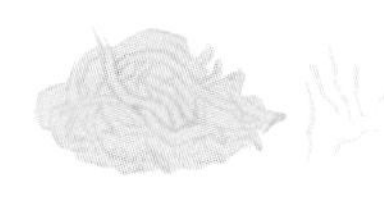

+ 오징어채를 살살 털어 뭉친 것을 풀고 잔가루를 없애요.
  – 5~6cm 길이로 일정하게 잘라줍니다.

+ 손질한 오징어채를 물에 살짝 헹군 다음 김이 나는 찜통에 2~3분 정도 쪄내세요.

+ 프라이팬에 양념 2의 재료를 섞은 다음 바글바글 끓이세요.

이렇게 조리해요

1 포도씨유를 두른 팬에 다진 마늘을 넣고 마늘향이 날 때까지 볶으세요. 마늘향이 올라오면 찐 오징어채를 넣고 섞어줍니다.

2 찐 오징어채에 마요네즈를 넣고 먼저 잘 비비세요.

3 끓여놓은 양념이 식으면 오징어채를 넣고 골고루 섞이게 버무리세요.

4 약불에 오징어채를 버무리듯 살짝 볶다가 참기름과 통깨를 넉넉히 넣고 가볍게 섞어줍니다.

좀더 특별하게

칼칼한 오징어채볶음을 만들려면 고추기름을 활용하세요. 마요네즈를 넣고 비빌 때 고추기름 1큰술을 섞으면 됩니다.

좀더 맛있게

견과류는 살짝 빻아서 위에 뿌리면 더욱 고소한 오징어채볶음이 됩니다. 땅콩버터를 조금 넣어도 부드럽고 고소합니다.

좀더 알아보아요

오징어채는 너무 흰빛이 나는 것보다 노르스름한 오징어빛이 나는 것으로 고르세요. 또 가급적 가공하지 않은 오징어채로 요리해서 맛을 내도록 하세요.

뼈를 튼튼하게 해주는 멸치를 맛있게

멸치아몬드고추장볶음

멸치는 칼슘이 많고, 뼈째 먹을 수 있어 특히 어린이들의 밑반찬으로 좋지요. 또 불포화지방산이 많은 아몬드를 함께하면 더 건강한 견과류 멸치볶음이 됩니다.

tip 1 고추장멸치볶음용으로 멸치를 고를 때는 대가리까지 먹을 수 있는 중멸치로 하세요.

tip 2 멸치는 마른 팬에 먼저 볶아줍니다. 멸치에 남았던 수분을 없애면 비린내도 나지 않고 육질이 더 쫀득해집니다.

tip 3 멸치를 볶고 난 다음에는 꼭 체에 한 번 걸러 이물질이나 부스러기 등을 털어내야 깔끔한 음식이 됩니다.

준비해요

주재료

- 중멸치 100g
- 통아몬드 50g

- 포도씨유(또는 고추기름) 1큰술
- 다진 마늘 1/2큰술
- 다진 파 1큰술

양념 재료

양념 1

- 고추장 3큰술
- 고춧가루 1큰술
- 조청 2큰술
- 청주 2큰술
- 생강술(또는 다진 생강) 1작은술

양념 2

- 참기름 1/2큰술
- 통깨 1큰술
- 꿀 1큰술

재료를 손질해요

+ 멸치를 마른 팬에 볶아 수분을 날리세요.

+ 볶은 멸치를 체에 한 번 걸러주세요.

+ 아몬드를 뜨거운 물에 담가 껍질을 벗기세요. 껍질을 벗기면 아몬드의 뽀얀 색이 음식을 고급스럽게 만들어요.

+ 껍질 벗긴 아몬드는 물기가 없도록 전자레인지에 바싹 말려둡니다.

이렇게 조리해요

1 프라이팬에 기름을 두르고 파, 마늘을 넣고 향이 나도록 볶아주세요.

2 향이 올라올 때 멸치를 넣고 바삭하게 볶은 다음 그릇에 담아둡니다.

3 사용했던 팬에 양념 1의 재료를 넣고 잘 섞이도록 약불에서 바글바글 끓이세요.

4 불을 최대한 약하게 줄인 다음 볶아놓은 멸치와 아몬드를 넣고 버무리세요.

5 양념이 잘 배어들었으면 이번에는 양념 2를 넣어 다시 한번 버무려 마무리합니다.

좀더 다양하게

아몬드 외에 땅콩, 캐슈넛 등 다양한 견과류를 넣어도 좋아요.

좀더 특별하게

크린베리나 건포도를 넣으면 맛도 좋고, 색도 예쁜 음식이 됩니다.

좀더 알아보아요

멸치볶음은 멸치의 크기, 양념의 종류, 부재료 첨가에 따라 다양한 맛을 낼 수 있어요. 제철에 나는 마늘종이나 꽈리고추 등과도 잘 어울린답니다.

멸치보다 더 많은 칼슘을 먹을 수 있는

뱅어포고추장구이

뱅어포는 담백하고 고소한 맛을 내면서 칼슘이 멸치보다 더 많이 들어 있어요. 뱅어포가 귀해진 다음부터는 뱅어와 비슷한 실치로 만들기도 해요.

tip 1 뱅어포를 고를 때는 누런빛이 아닌 흰빛이 나며 잘 마른 것으로 고르세요. 혹 남아 있는 짚이나 부스러기를 골라냅니다.

tip 2 냉동 보관된 뱅어포를 사용할 경우 습기가 차서 눅진할 수 있어요. 이럴 때는 바람이 잘 통하는 곳에 30분 정도 자연건조시키거나 전자레인지에 1분 정도 돌려 사용하세요.

tip 3 뱅어포를 튀길 때 포도씨유에 참기름을 조금 섞어 튀겨보세요. 더 고소한 향과 맛을 나게 해요.

준비해요

주재료

- 뱅어포 3장
- 포도씨유 2큰술
- 참기름 2큰술

- 통깨 1큰술

구이양념 재료

- 고추장 1큰술
- 고운 고춧가루 1작은술
- 향즙 1큰술
- 매실청 1큰술
- 조청 1큰술
- 한식간장 1/2작은술
- 청주 1큰술

재료를 손질해요

+ 뱅어포는 마른 팬에서 앞뒤로 살짝 구워 비린내를 날리세요. 뱅어포가 눅진하지 않으면 그대로 사용해도 됩니다.

+ 뱅어포를 사방 3cm 크기로 자르세요.

+ 구이양념 재료를 모두 넣고 섞어두세요.

이렇게 조리해요

1 프라이팬에 포도씨유와 참기름을 넣고 자른 뱅어포를 조금씩 넣어 재빨리 튀겨내세요.

2 튀겨낸 뱅어포는 잠시 다른 그릇에 덜어 두세요.

3 양념을 프라이팬에 넣고 자글자글 끓어오르면 튀겨낸 뱅어포를 재빨리 섞어 주세요.

4 뱅어포 위에 통깨를 뿌리고 접시에 담아 내세요.

좀더 쉽게

뱅어포에 양념을 발라 채반에 널어 꾸덕꾸덕하게 말린 다음 기름을 두른 프라이팬에 구워내도 됩니다.

좀더 특별하게

잘게 썬 청양고추에 간장, 물엿, 매실청, 청주를 넣고 끓이다가 튀겨낸 뱅어포를 버무리면 간장맛 칼칼한 뱅어포 반찬이 됩니다.

좀더 다양하게

기름에 튀겨 설탕을 살짝 뿌리면 바삭바삭한 과자 같아 영양 간식으로도 좋답니다.

콩과 채소의 색다른 어울림

콩채소고추장조림

단백질을 섭취할 수 있는 콩과 비타민이 가득한 채소를 함께 먹을 수 있는 조림반찬이에요. 콩 종류를 달리하면 더 다양하게 먹을 수 있어요.

tip 1 콩은 미리 불려서 냉장고에 넣어두면 조림 외에 밥을 지을 때도 곧바로 사용할 수 있어요.

tip 2 콩의 2배 정도 물을 부어야 충분히 불릴 수 있어요. 또 너무 바짝 마른 콩은 삶아서 사용합니다.

tip 3 감자는 썰고 난 다음 물에 담가 전분기를 빼주세요. 그래야 서로 달라붙지 않고 깔끔하게 감자를 익힐 수 있어요.

준비해요

주재료

- 감자 2개(중간 크기)
- 불린 흰강낭콩 3큰술
- 양파 1/4개
- 청홍고추 1개씩

- 참기름 1큰술
- 통깨 1큰술

조림양념 재료

- 고추장 1큰술
- 한식간장 1큰술
- 매실청 1큰술
- 조청(또는 올리고당) 1큰술
- 청주 2큰술
- 다진 마늘 2작은술
- 다시마육수 1.5컵

재료를 손질해요

+ 콩을 불리세요.

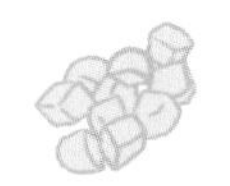

+ 감자를 다듬고 깍뚝썰기한 다음 물에 담가 전분기를 빼두세요.

+ 양파도 감자 크기 정도로 썰고, 청홍고추는 동글썰기해 놓아요.

+ 조림양념 재료를 모두 섞어 놓아요.

이렇게 조리해요

1 오목한 팬에 감자와 흰강낭콩, 다시마육수를 넣고 약불에서 익히세요.

2 감자가 절반 정도 익으면 양파, 청홍고추, 양념을 모두 넣고 고루 섞으세요.

3 양념이 자작하게 배어들도록 조리세요.

4 조려진 재료에 참기름과 통깨를 넣어 잘 섞으세요.

좀더 쉽게

조금씩 담아 파는 불린 콩을 사서 만들어보세요.

좀더 다양하게

흰강낭콩이나 호랑이콩, 서리태, 메주콩 등 콩 종류를 다양하게 해서 조림해보세요.

좀더 알아보세요

콩을 섭취하면 콜레스테롤을 감소시킬 수 있어요. 특히 흰강낭콩은 탄수화물의 흡수를 억제시키는 효과가 있어 내장비만에 좋다고 해요.

고추장만으로도 반찬이 되는

약고추장

찹쌀고추장에 다진 소고기와 꿀, 그리고 갖은양념을 넣고 배즙으로 농도를 맞추어 걸쭉하게 끓인 볶음고추장이에요.

tip 1 약고추장을 만들 때는 반드시 약불에서 뭉근히 볶아야 맛은 물론 색과 보존성도 좋아져요.

tip 2 약고추장을 볶을 때는 타지 않도록 나무주걱으로 바닥을 긁듯이 잘 저어가며 해야 해요.

준비해요

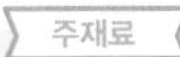

주재료

- 찹쌀고추장 2컵
- 다진 소고기(우둔살) 300g

양념 재료

- 설탕 4큰술
- 조청 4큰술
- 배즙 1/2컵
- 꿀 2큰술
- 참기름 2큰술
- 잣 2큰술

소고기 양념

- 한식간장 1작은술
- 다진 파 1큰술
- 다진 마늘 1큰술
- 설탕 1큰술
- 참기름 1큰술
- 청주 1큰술
- 생강즙 1작은술
- 후춧가루 약간

재료를 손질해요

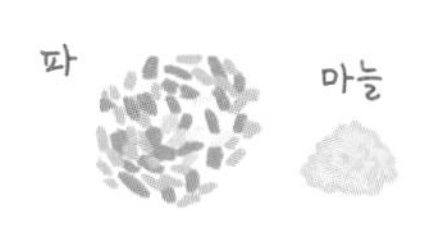

+ 소고기 양념에 들어갈 파와 마늘을 다져놓아요.

+ 다진 소고기는 키친타월에 받쳐 핏물을 빼세요.

+ 핏물을 깨끗하게 뺀 다음 양념을 넣고 볶아요.

+ 볶은 소고기를 더 가늘게 다져놓으세요.

이렇게 조리해요

1 오목한 팬에 포도씨유를 두르고 고추장, 설탕, 조청을 분량대로 넣고 섞으세요.

2 미리 볶아놓은 고기를 넣고 배즙으로 농도를 조절하면서 약불에 볶으세요.

3 고추장의 농도가 걸쭉해지고 색이 거무스름해질 때까지 볶으세요.

4 꿀, 참기름, 잣을 넣고 조금 더 볶으면 완성이에요.

5 충분히 식힌 다음 가급적 소독한 유리병에 담아 냉장 보관해서 먹도록 합니다.

좀더 다양하게

약고추장에 호두나 잣, 해바라기씨, 아몬드 등의 견과류를 다져 넣어서 만들기도 해요.

좀더 특별하게

주먹밥이나 김밥, 쌈밥, 비빔밥, 야외 나들이도시락 등에 두루 이용하면 좋아요.

좀더 알아보아요

『시의전서』(1800년대 말)나 『조선요리제법』(1930년대)에서는 약고추장으로, 『조선무쌍신식요리제법』(1930년대)에서는 숙고초장 등으로 소개된 전통음식이에요.

만들어놓은 약고추장을 이용해 간단하게

멸치주먹밥

소고기의 단백질과 칼슘이 많은 멸치를 함께 먹을 수 있어 성장기 아이들에게 특히 좋은 요리예요. 간식으로, 나들이도시락으로 만들어 보세요.

tip 1 주먹밥은 고슬고슬하게 지은 밥으로 만들어야 맛있어요.

tip 2 주먹밥은 가급적 한입 크기로 만들어 입에 쏙 들어가야 하므로 잔멸치로 하면 좋아요.

tip 3 가급적 약고추장을 만들어 주먹밥 안에 넣으면 더 맛이 좋아요.('약고추장 만들기' 130쪽 참조)

준비해요

주재료

- 다진 소고기 50g
- 잔멸치 30g
- 밥 2공기
- 약고추장(분량껏)

- 다진 청홍피망 각 1큰술
- 참기름 1작은술
- 소금 한 꼬집
- 후춧가루 약간

양념 재료

고기 양념

- 한식간장 1작은술, 설탕 1작은술
- 다진 파 1작은술
- 다진 마늘 1/3작은술
- 참기름 1작은술
- 깨소금 1작은술
- 후춧가루 약간

잔멸치 양념

- 포도씨유 1큰술
- 다진 마늘 1/3작은술
- 조청 1/2큰술, 통깨 1큰술

재료를 손질해요

+ 다진 청홍피망은 소금을 뿌려 살짝 절이세요.

+ 절여놓은 피망에 물기가 생기면 꼭 짠 다음 참기름에 살짝만 볶으세요.

+ 다진 고기에 양념을 하고 물기가 없어질 때까지 바싹 볶으세요.

+ 잔멸치를 마른 팬에 볶아 비린내를 없애놓으세요.

이렇게 조리해요

1 팬을 달군 다음 포도씨유를 두르고 다진 마늘을 넣어 향이 나면 멸치를 넣으세요.

2 멸치를 넣고 바삭하게 볶은 다음 조청과 통깨를 넣으세요.

3 밥에 약고추장을 뺀 나머지 재료(멸치, 볶은 소고기, 피망)를 섞으세요.

4 먹기 좋을 양만큼 밥을 덜어내고 손바닥에 넓게 펼쳐요.

5 밥 한가운데 약고추장을 넣고 둥글게 오므린 다음 뭉치세요.

좀더 쉽게

볶은 멸치에 약고추장을 약간 넣고 버무린 다음 흰밥 가운데 넣고 뭉쳐서 만들어도 좋아요.

좀더 다양하게

김가루, 흰깨, 흑임자를 비닐에 넣고 뭉친 주먹밥을 흔들어보세요. 멸치주먹밥과 곁들이면 색색깔의 예쁜 주먹밥들이 만들어져요.

좀더 특별하게

흰밥 안에 김치볶음, 우엉조림 등 다양한 재료를 넣어 만들어보세요. 또 김을 손가락 넓이로 잘라 주먹밥에 띠를 둘러주면 다양한 멋과 맛을 즐길 수 있어요.

쌈으로도 먹고 비벼도 먹는

쌈장과 쌈채소비빔밥

별다른 반찬 없이 쌈채소 몇 가지만 있으면 별미 한 끼가 되는 비빔밥을 만들 수 있어요. 특히 고추장과 된장이 어우러진 구수한 맛을 즐길 수 있지요.

tip 1 쌈장을 만들 때 어떤 맛가루를 쓰느냐에 따라 맛이 많이 달라져요. 건조시켜 만든 맛가루는 영양도 훨씬 높아요.

tip 2 쌈채소를 구성할 때 제철 채소로 식성에 맞는 것을 고르면 색다른 맛을 즐길 수도 있고, 몸에도 좋아요.

tip 3 쌈장은 미리 만들어 숙성해 두면 맛이 훨씬 좋아져요. 또 활용할 수 있는 요리가 많으니 좀 넉넉하게 준비합니다.

준비해요

주재료

- 각종 쌈채소(취향껏)
- 밥(분량껏)

- 깨소금 1큰술
- 참기름(또는 들기름) 1큰술

비빔쌈장 재료

- 고추장 3큰술
- 된장 3큰술
- 다진 소고기 50g
- 다진 마늘 1큰술
- 다진 파 1큰술
- 천연 맛가루 2큰술

재료를 손질해요

+ 채소를 깨끗이 씻어서 물기를 빼세요.

+ 먼저 채소를 먹기 좋은 크기로 채썰어요.

+ 마늘과 양파, 그리고 파를 다져 놓으세요.

+ 소고기를 잘게 다져놓아요.

이렇게 조리해요

1 달군 팬에 포도씨유를 살짝 두르고 다진 양파와 파, 마늘을 볶아 향을 내요.

2 향이 올라오면 소고기를 넣고 볶으세요.

3 여기에 고추장과 된장, 천연 맛가루를 넣고 볶아 비빔쌈장을 먼저 만들어요.

4 비빔밥 그릇에 밥을 담고 채썰어놓은 채소를 보기 좋게 돌려가며 담으세요.

5 그 위에 비빔쌈장을 올리고 참기름과 깨소금을 뿌립니다.

좀더 쉽게

천연 맛가루 몇 가지를 섞어놓은 제품을 구입해서 음식을 손쉽게 만들어보세요.

좀더 다양하게

상추류뿐 아니라 돌나물, 씀바귀, 겨자잎, 참나물, 부추 등 좀 특별한 채소도 준비해서 다양하게 즐기세요.

좀더 알아보아요

이 책 92쪽 '천연 맛가루 10가지'를 참고해 다양한 맛가루를 준비해보세요.

자꾸만 손이 가게 만드는 마법의

고추장꼬마김밥

'손이 가요, 손이 가… 자꾸만 손이 가요'라는 노래처럼 자꾸 먹게 만든다는 일명 마약김밥. 알싸한 겨자 소스에 찍어 먹는 이 김밥은 특히 나들이용으로 좋아요.

tip 1 이 꼬마김밥은 밥과 채소의 간을 줄이고 약고추장을 조금 넣어 달달하면서도 매콤한 맛을 더한 김밥이에요.

tip 2 김밥에 들어갈 밥은 질지 않고 고슬고슬하도록 짓는 게 중요해요.

tip 3 김밥에 들어가는 모든 속재료는 김보다 조금 길게 만드세요. 더 맛깔나게 보이기도 하고, 채소를 더 많이 먹게 만든답니다.

준비해요

주재료

- 밥 2공기
- 참기름 1큰술
- 볶은 소금 1/2작은술
- 통깨 1큰술
- 김 5장
  (4등분 20장, 20개 분량)

- 단무지 5줄
- 당근 1/2개
- 시금치 1/2단
- 달걀 2개
- 깻잎 10장
- 약고추장(취향껏)

겨자 소스 재료

- 연겨자 1큰술
- 설탕 1/2큰술
- 식초 1큰술
- 간장 1큰술
- 생수 2큰술

재료를 손질해요

+ 고슬고슬한 밥에 참기름과 소금을 넣고 버무려놓아요.

+ 단무지는 취향에 따라 식초나 설탕을 조절해서 간을 맞추세요.

+ 시금치는 씻어 데친 다음 꼭 짜고 소금, 참기름으로 간을 해놓으세요.

+ 달군 팬에 기름을 둘렀다가 닦아낸 다음 달걀지단을 부쳐 먹기 좋게 잘라둡니다.

+ 당근은 곱게 채썰어 기름 두른 팬에 소금을 넣고 살짝 볶으세요.

이렇게 조리해요

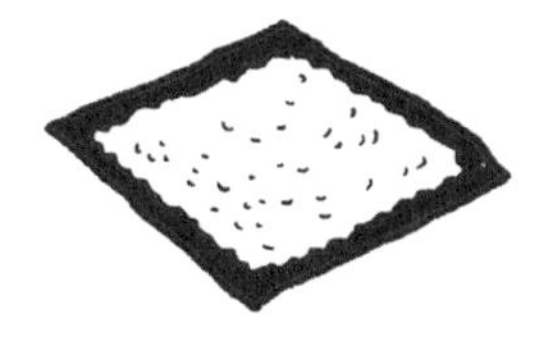

1 김 한 장을 4등분하고, 그중 한 장을 놓고 밥을 얇게 펴주세요.

2 반으로 자른 깻잎을 그 위에 놓고, 약고추장을 펴바른 다음 준비된 김밥 재료를 얹고 말아주세요.

3 말아놓은 김밥 위에 참기름을 바르고 통깨를 살짝 뿌려놓아요.

4 겨자 소스에 필요한 모든 재료를 넣고 섞으세요. 김밥과 함께 곁들여냅니다.

좀더 쉽게

당근채는 꼭 볶지 않아도 끓는 물에 소금을 조금 넣고 살짝 데쳐도 됩니다. 이때 식초를 조금 넣고 데치면 당근에서 단맛이 납니다.

좀더 다양하게

김밥의 속재료를 다양하게 해보세요. 부추는 살짝 볶아서, 채썬 우엉은 간장과 조청에 조려서, 오이는 채썰어서, 맛살은 가늘게 찢어서 넣어보세요. 청양고추를 다져넣으면 매운맛도 즐길 수 있어요.

좀더 알아보아요

밥은 청주와 다시마 1장을 넣고 지으면 윤기 나고 맛있게 됩니다.

밥반찬으로도 간식으로도 손색없는

비지고추장전

비지는 두부를 만들 때 나오는데 콩물을 짜내고 남은 건지를 가리켜요. 두부만큼 영양가가 높지는 않지만, 섬유소를 풍부하게 함유하고 있어 여러모로 쓰임새가 많아요.

tip 1 비지는 두부 전문점이나 재래시장에서 저렴하게 구할 수 있어요. 콩을 물에 불려 갈아 사용하면 더욱 맛있고 영양도 우수합니다.

tip 2 비지만으로는 끈기가 없어 전을 부치기가 어려워요. 밀가루나 부침가루를 넣어서 만드세요.

준비해요

주재료

- 콩비지 100g
- 돼지고기 50g

- 청홍고추 1개씩
- 양파 1/4개
- 고추장 1큰술
- 달걀 1개(생략 가능)
- 부침가루 1/2컵
- 부침용 포도씨유(분량껏)
- 들기름(분량껏)

돼지고기양념 재료

- 설탕 1작은술
- 소금 한 꼬집
- 마늘 1/2작은술
- 생강술 1작은술
- 참기름 약간

재료를 손질해요

+ 비지를 준비해요.

+ 돼지고기를 곱게 다지고 미리 양념에 재워두세요.

+ 청홍고추와 양파도 곱게 다져놓으세요.

이렇게 조리해요

1 돼지고기 재운 것과 고추장을 넣고 먼저 섞으세요.

2 비지와 채소 다진 것, 그리고 부침가루와 달걀을 모두 넣고 고루 섞어놓으세요.

3 달군 팬에 포도씨유를 두르고, 완자 모양으로 한 수저씩 떠놓으세요.

4 밑면이 익으면 이번에는 들기름을 둘러가며 노릇하게 부쳐냅니다.

좀더 다양하게

김치를 송송 썰고, 곱게 다진 돼지고기를 양념한 다음 비지와 부침가루를 넣고 부쳐보세요. 비지에 많은 식이섬유소와 김치의 비타민C를 같이 섭취할 수 있어 다이어트에도 효과를 볼 수 있어요.

좀더 알아보아요

비지는 비지찌개나 비지전도 만들지만 청국장 띄우듯이 띄워서 비지장을 만들 수도 있답니다. 또 건강식으로 쿠키나 케이크 등을 만드는 제과제빵 재료로도 많이 쓰이고 있어요.

매일매일 올려도 물리지 않을 얼큰한

두부고추장찌개

고추장찌개는 전통 고추장과 한식간장으로 간을 맞추어 얼큰하게 끓이는 중부지방 향토음식이기도 해요.

tip 1 고추장찌개에는 단맛이 덜한 전통 고추장을 넣어야 제맛을 낼 수 있어요.

tip 2 고추장찌개를 끓일 때는 쌀뜨물이나 멸치육수를 써도 좋아요. 또 맛을 내기 위해 살코기보다 기름기가 살짝 도는 고기를 사용하면 더 맛있어요.

tip 3 고추장만 넣으면 자칫 텁텁할 수 있어요. 그럴 때 고춧가루를 조금만 넣어줍니다.

준비해요

주재료(4인분)

- 두부 1모(300g)
- 소고기 100g

- 건표고버섯 2개
- 다시마육수 3컵
- 느타리버섯 50g
- 양파 50g
- 청홍고추 1개씩

양념 재료

- 참기름 1작은술
- 고추장 2큰술
- 다진 마늘 1큰술
- 대파 1대
- 한식간장 약간

재료를 손질해요

+ 두부는 2×3cm 크기가 되도록 도톰하게 썰어요.

+ 소고기는 납작하게 썰어놓아요.

+ 건표고버섯은 손으로 굵게 부숴주세요.

+ 느타리버섯은 가닥가닥 찢어주고, 양파는 두부 크기로 굵게 썰어놓으세요.

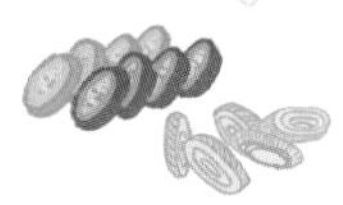

+ 청홍고추와 대파를 어슷썰기해 놓으세요.

+ 다시마육수를 준비해놓으세요.

1 소고기에 고추장과 참기름을 넣고 볶다가 다시마육수를 넣고 끓여요.

2 국물이 끓을 때 두부와 채소, 건표고버섯 부순 것을 넣고 한소끔 끓이세요.

3 국물 맛이 우러나면 어슷썰어놓은 청양고추와 다진 마늘, 대파를 넣어요.

4 고추장 또는 한식간장으로 간을 맞추세요.

좀더 쉽게

된장을 약간 넣어도 구수한 맛을 더할 수 있어요. 매운 음식이 안 맞을 경우에는 고추장과 된장을 절반씩 섞어서 해보세요.

좀더 특별하게

두부 대신 감자나 호박을, 소고기 대신 돼지고기를 넣어도 특별한 고추장찌개 맛을 즐길 수 있어요. 이때 돼지고기도 고추장, 고춧가루, 마늘, 생강, 참기름을 섞은 양념에 간이 배도록 재웠다가 사용하세요. 맛이 훨씬 좋답니다.

상큼한 해독 밥상의 주인공

더덕고추장무침

더덕에 포함된 사포닌은 노화방지뿐 아니라 면역력을 높여 기관지염이나 천식에 아주 효과적이에요. 또 식이섬유가 풍부하며 체내 독소를 제거해주는 효과가 있어 많이 먹으면 정말 좋은 반찬이에요.

tip 1 더덕은 채로 썰어서 만들기보다는 가급적 방망이로 두들긴 다음 찢어서 해야 양념이 더 맛있게 배어들어요.

tip 2 양념할 때 식초와 참기름은 기호에 맞게 넣어 맛을 조절하도록 하세요.

tip 3 더덕을 무칠 때 레시피의 방법도 좋지만 미리 만들어놓은 비빔용 양념고추장을 써도 됩니다.('양념고추장 만들기' 103쪽 참조)

준비해요

주재료

- 더덕 200g
- 향즙 2큰술
- 설탕 1작은술

- 실파 2대
- 통깨 1큰술
- 참기름 1작은술

무침양념 재료

- 고추장 3큰술
- 조청 1큰술
- 고운 고춧가루 1큰술
- 한식맛간장 1큰술
  (또는 한식간장 1/2큰술)

재료를 손질해요

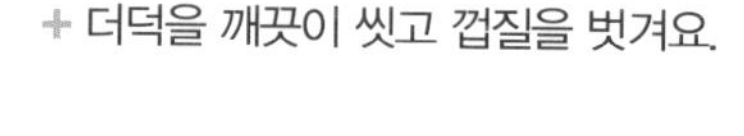

+ 더덕을 깨끗이 씻고 껍질을 벗겨요.

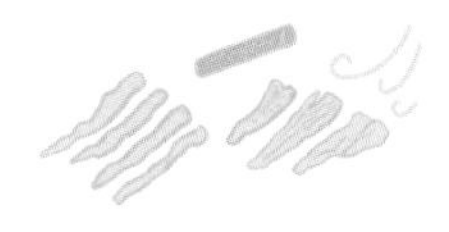

+ 더덕을 반으로 가르고 방망이로 두들긴 다음 손으로 가늘게 찢어놓아요.

+ 실파를 다듬어 송송 썰어놓으세요.

+ 무침양념에 들어갈 재료를 모두 섞어놓으세요.

이렇게 조리해요

1 더덕을 향즙과 설탕에 재워두세요.

2 더덕이 절여졌다 싶으면 양념을 넣고 버무리세요.

3 먹기 직전 실파와 통깨, 참기름을 넣고 다시 한번 살짝 버무립니다.

좀더 쉽게

더덕 껍질을 벗길 때 한 손에 장갑을 끼고 더덕의 위아래로 길게 칼집을 낸 다음 돌려 깎아보세요.

좀더 다양하게

같은 방법으로 도라지를 무쳐도 맛있어요. 단, 도라지는 쓴맛이 있어 소금으로 좀 세게 주물러 씻은 다음 요리하는 게 좋아요.

좀더 특별하게

양념을 할 때 된장을 섞어도 색다른 맛을 느낄 수가 있고, 기호에 따라 식초를 넣고 새콤하게 맛을 내도 좋답니다.

더덕에 불맛을 입혀 맛을 더해주는

더덕고추장양념구이

더덕은 무침으로도 좋지만 구이로 할 때 향긋하고 쌉싸래한 맛이 배가되어 훨씬 맛좋은 요리가 됩니다.

tip 1 애벌구이를 하면 향이 더욱 깊게 배어들고 익히는 시간이 단축되어 양념이 타는 것을 막을 수 있어요.

tip 2 양념 바른 더덕은 기름을 적게 두르고, 약불에 구우세요.

tip 3 양념을 조금 남겨 참기름, 조청, 배즙을 넣고 살짝 끓여두세요. 음식을 내기 전 구운 더덕 위에 살짝 발라주면 촉촉하고 윤기가 나서 더 맛깔스럽게 보여요.

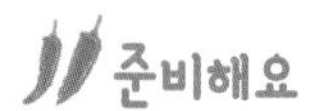

준비해요

주재료

- 더덕 200g
- 한식간장 1/2큰술
- 참기름 2큰술

- 잣 적당량

구이양념 재료

- 고추장 2큰술
- 고춧가루 1큰술
- 다진 파 1큰술
- 다진 마늘 1큰술
- 조청 1큰술
- 꿀 1/2큰술
- 청주 1/2큰술
- 깨소금 1큰술
- 양파즙 1큰술
- 배즙 1큰술(생략 가능)
- 참기름 1큰술
- 후춧가루 약간

재료를 손질해요

+ 더덕은 흙을 털어내고 깨끗이 씻어 껍질을 벗겨주세요.

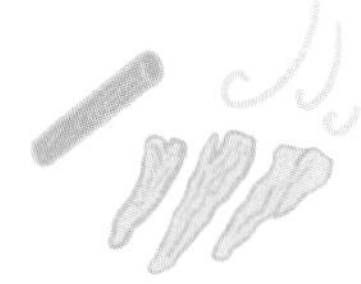

+ 더덕을 방망이로 두드린 다음 펴주세요. 이때 더덕이 부서지기 쉬우므로 바람에 살짝 말렸다가 두드리세요.

+ 잣은 도마에 종이타월을 깔고 굵게 다지세요.

+ 재료를 모두 섞어 구이양념을 만드세요.

이렇게 조리해요

1 한식간장, 참기름을 섞어 더덕에 발라 밑간을 하세요.

2 달군 팬에 더덕을 올리고 앞뒤로 한 번씩 애벌구이를 하세요.

3 섞어놓은 양념을 약간 덜어놓으세요. 접시에 담아낼 때 바를 양념이에요. 그런 다음 참기름, 조청, 배즙을 넣고 살짝 끓여두세요.

4 애벌구이 한 더덕에 남은 양념을 골고루 발라 30분에서 1시간 정도 재우세요.

5 양념이 잘 배었는지 살펴보고 타지 않도록 약불에 앞뒤로 구우세요.

6 구운 더덕에 끓여놓은 양념을 바르고 먹기좋은 길이로 잘라 접시에 담고 잣가루를 뿌려 장식하세요.

좀더 쉽게

더덕 껍질을 불에 살짝 구우면 좀 더 쉽게 벗길 수 있어요. 필러를 이용해도 쉽게 벗길 수 있어요.

좀더 특별하게

더덕을 구울 때 석쇠로 하면 불향이 입혀져서 훨씬 맛이 좋아져요.

좀더 알아 보아요

더덕에서 생기는 끈적한 진액이 손이나 칼에 묻어 벗기기 어려울 때는 더덕을 끓는 물에 10초 정도 담갔다가 바로 찬물에 넣은 다음 벗기도록 하세요.

가지의 영양에 맛을 더하는

가지고추장양념구이

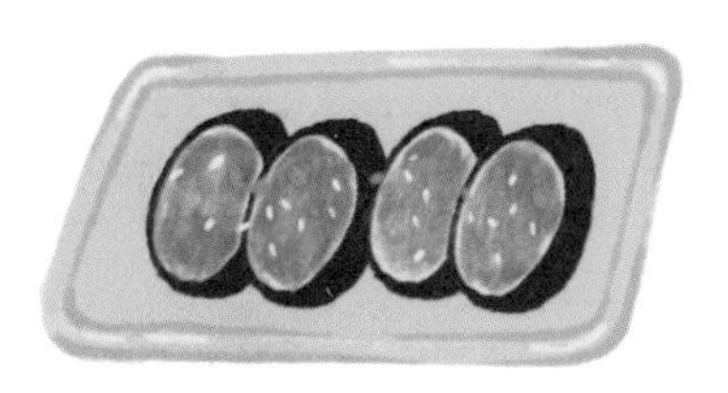

대표적인 보라색 채소인 가지는 항산화물질이 풍부해서 많이 먹을수록 좋은 식재료이지요. 나물이나 볶음, 튀김, 찜 등을 해서 먹지만 양념을 발라 구우면 색다른 요리가 된답니다.

tip 1 가지는 기름을 스펀지처럼 흡수하지요. 그래서 썰어놓은 가지에 기름을 조금 뿌리고 키질하듯 흔들어 섞어 골고루 기름이 묻도록 한 다음 구우세요.

tip 2 가지는 너무 얇게 썰면 수분이 쉽게 빠져 모양뿐만 아니라 식감도 나빠져요. 도톰하게 썰어서 굽도록 하세요.

tip 3 가지는 참기름보다 들기름과 더 궁합이 잘 맞답니다. 항산화 성분과 오메가3가 많은 들기름으로 구우면 좋아요.

준비해요

주재료

- 가지 2개

- 포도씨유(분량껏)
- 실파 2줄
- 통깨 1작은술

구이양념 재료

- 고추장 1큰술
- 고춧가루 1큰술
- 청주 1큰술
- 설탕 1/2큰술
- 한식간장 2작은술
- 들기름(또는 참기름) 1큰술
- 다진 파 1큰술
- 다진 마늘 1작은술
- 후춧가루 약간

재료를 손질해요

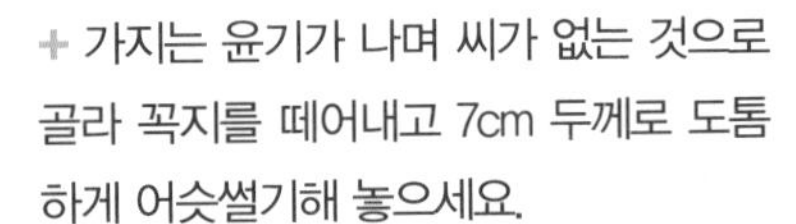

+ 가지는 윤기가 나며 씨가 없는 것으로 골라 꼭지를 떼어내고 7cm 두께로 도톰하게 어슷썰기해 놓으세요.

+ 가지를 볼에 담고 기름을 두른 다음 흔들어 주세요.

+ 실파를 다듬어 송송 썰어놓아요.

+ 구이양념에 필요한 재료를 모두 넣어 섞으세요.

이렇게 조리해요

1 달군 팬에 가지를 앞뒤로 노릇하게 구워요.

2 한 면에 먼저 양념장을 바르세요.

3 양념이 배어들도록 뒤집어서 살짝 더 구워내세요.

4 양념된 부분이 위로 오게 접시에 담고 실파와 통깨를 뿌려 장식해요.

좀더 쉽게

가지를 앞뒤로 먼저 굽고 양념장만 발라 먹어도 맛있어요.

좀더 알아보아요 1

가지는 94%가 수분으로 되어 있고, 식이섬유뿐 아니라 엽산, 칼륨, 철분 등 무기질과 비타민이 많이 포함되어 있는 건강식품이에요.

좀더 알아보아요 2

가지의 보라색 색소는 안토시아닌 성분으로 활성산소를 제거하는 역할을 해 당뇨병 등 성인병 예방에도 좋아요.

3월의 들과 바다가 만나 내는 맛

냉이바지락무침

겨울 지나 들에 가장 먼저 올라오는 봄냉이와 속이 꽉 차 있는 바지락으로 봄날 나른해지는 기력을 북돋아주는 무침이에요.

tip 1 냉이는 찬물에 20분 정도 담갔다가 씻으세요. 굵은 뿌리는 반으로 가르고 데칠 때는 뿌리부터 넣고 골고루 익히도록 하세요.

tip 2 냉이를 포함, 녹색 채소를 데칠 때 소금을 넣으면 색이 변하지 않아요. 또 뚜껑을 열고 데쳐야 누렇게 변하는 것을 막을 수 있어요.

tip 3 바지락살을 데칠 때 청주가 없으면 소주를 넣으세요. 끓으면서 휘발할 때 바지락의 비린맛을 잡아준답니다.

준비해요

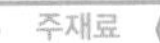

주재료

- 냉이 400g
- 바지락살 200g

- 소금 1작은술
- 청주 1큰술
- 향즙 1큰술

무침양념 재료

- 고추장 4큰술
- 고춧가루 1큰술
- 설탕 1/2큰술
- 다진 파 1큰술
- 다진 마늘 2작은술
- 깨소금 1작은술
- 참기름 1큰술

재료를 손질해요

+ 냉이는 누런 잎을 떼어내고 잔뿌리를 칼로 긁어내 깨끗이 다듬어 씻어요.

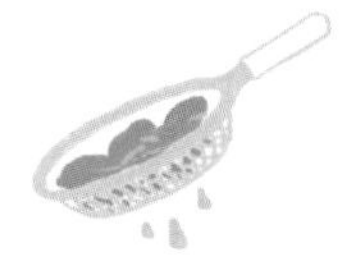

+ 손질한 냉이를 끓는 물에 살짝 데친 다음 찬물에 헹구고 물기를 꼭 짜놓으세요.

+ 바지락살은 연한 소금물에 여러 번 씻어놓으세요. 끓는 물에 청주를 넣고 바지락살을 데친 다음 건져서 물기를 빼놓으세요.

+ 재료를 모두 섞어 무침양념을 만드세요.

이렇게 조리해요

1 냉이를 4~5cm 정도 먹기 좋은 크기로 자르세요.

2 냉이를 손으로 살살 털어가면서 양념 3분의 2분량을 넣고 조물조물 무치세요.

3 나머지 양념에 바지락살을 무쳐놓으세요.

4 각각 무쳐놓은 냉이와 바지락살을 한데 섞어주세요.

좀더 쉽게

바지락살이 없을 때는 냉이만 무쳐도 향긋한 냉이나물무침이 됩니다.

좀더 다양하게

냉이와 바지락살은 부침개로도 좋은 짝이 되는 식재료예요. 밀가루 반죽에 잘게 썬 냉이와 밑간을 한 바지락살을 넣어 부쳐보세요. 이때 반죽에 고추장을 풀어서 부쳐도 맛있어요.

좀더 알아보아요

봄철에 냉이를 많이 사서 씻어 데친 후 물기가 좀 있는 상태에서 지퍼백에 넣어 냉동해놓으세요. 한겨울에도 냉이국이나 냉이된장찌개를 맛볼 수 있답니다.

두뇌활동을 높여주는 도시락 반찬

호두고추장조림

대표 견과류인 호두에 소고기와 채소를 넣고 바특하게 조리는 음식이에요. 특히 두뇌활동이 많은 수험생의 도시락 반찬으로 좋아요.

tip 1 호두 속껍질에서 나오는 떫은맛과 이물질을 없애고 깨끗이 한 다음 요리하는 것이 좋아요. 끓는 물에 데치고 찬물에 헹군 뒤 사용하면 됩니다.

tip 2 호두를 간식으로 먹을 때는 오븐에 굽거나 전자레인지에 돌려 바삭하게 말리세요.

tip 3 지방이 많이 함유된 견과류를 실온에 둘 경우 각종 곰팡이가 쉽게 생기고, 산패하기 때문에 오래된 것을 사용하지 않도록 하세요.

준비해요

주재료

- 호두 150g
- 소고기 70g
- 마늘종 3줄(또는 풋고추 3개)

- 향즙 1큰술
- 참기름 2작은술
- 통깨 1큰술
- 꿀 1/2큰술

조림양념 재료

- 고추장 2큰술
- 한식간장 1작은술
- 조청(또는 올리고당) 1큰술
- 물 2/3컵

재료를 손질해요

+ 호두에 뜨거운 물을 부었다가 찬물에 헹구어 체에 건져놓으세요. 호두의 떫은맛이 없어집니다.

+ 소고기는 납작하게 썰고 밑간해놓아요.

+ 마늘종은 3cm 길이로 잘라놓으세요.

+ 조림양념 재료를 모두 섞어놓으세요.

이렇게 조리해요

1 조림양념을 끓여요.

2 다른 팬에 기름을 살짝 두르고 밑간한 소고기를 볶다가 호두를 넣고 더 볶아주세요.

3 끓여둔 조림양념에 볶은 소고기와 호두, 그리고 남은 마늘종까지 모두 넣고 조려요.

4 다 조려지면 참기름, 통깨, 꿀을 넣고 접시에 담아내요.

좀더 쉽게

향즙이 없을 때는 다진 마늘 1작은술을 넣으세요.

좀더 다양하게

마늘종 대신 청양고추나 풋고추, 풋마늘대 등을 넣어도 맛있답니다.

좀더 알아보아요

견과류는 몸에 좋기는 하지만 잘못 먹으면 특히 해로워요. 산패하기 쉽기 때문인데 따라서 꼭 냉동 보관해야 합니다. 개봉했다면 3개월 이내 먹도록 해요.

바로 담그고 바로 먹을 수 있는

북어장아찌

장아찌는 만들어서 오래 두고 먹어야 하는 저장음식의 하나이지요. 그래서 만들기 어렵다고 생각하고 엄두를 못 낼 때가 많아요. 북어장아찌는 쉽게 만들고, 금방 먹을 수 있어 요리 초보자에게 알맞은 장아찌 담그기가 될 거예요.

tip 1 북어는 손으로 만져가며 가시를 잘 발라내는 일이 중요해요.

tip 2 오래 보관하지 않고 바로 먹을 때는 괜찮지만 양을 넉넉히 만들어 오래 먹으려면 보관용기를 잘 소독해서 넣어야 해요.

tip 3 북어장아찌도 1개월 이상 숙성시키면 양념이 더 잘 배어들어 촉촉하면서도 깊은 맛을 낸답니다. 만들 때 좀더 넉넉하게 만들어 밑반찬으로 활용하세요.

준비해요

주재료

- 북어 1마리(또는 북어채 200g)

- 참기름 약간
- 통깨 1작은술
- 식초(취향껏)

장아찌양념 재료

- 고추장 1.5컵
- 다진 마늘 2큰술
- 다진 생강 1큰술
- 매실청 2/3컵
- 고운 고춧가루 2큰술
- 청주 1큰술
- 한식맛간장 1/2컵
- 조청(또는 올리고당) 1/2컵

 재료를 손질해요

+ 가시를 발라낸 북어를 곱게 찢어놓아요.

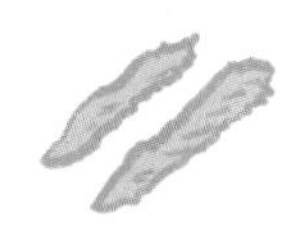

+ 다듬은 북어채를 4cm 길이로 먹기 좋게 잘라놓으세요.

+ 장아찌양념 재료를 모두 섞으세요.

+ 보관용기를 미리 열탕 소독을 해놓아요.

이렇게 조리해요

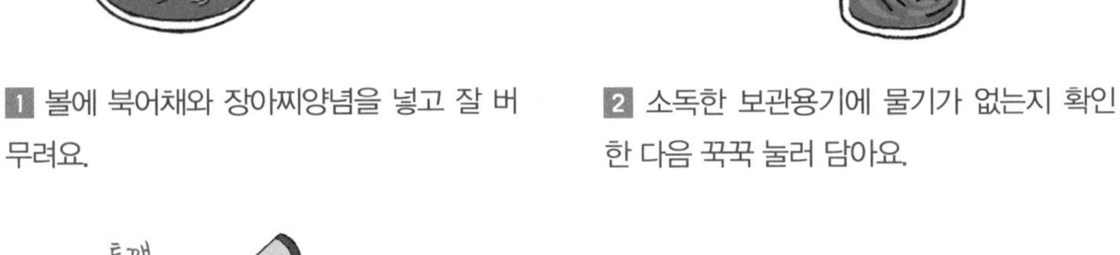

1 볼에 북어채와 장아찌양념을 넣고 잘 버무려요.

2 소독한 보관용기에 물기가 없는지 확인한 다음 꾹꾹 눌러 담아요.

3 숙성된 북어장아찌는 먹기 직전에 꺼내 참기름과 통깨를 뿌려 윤기가 나도록 살짝 무치세요.

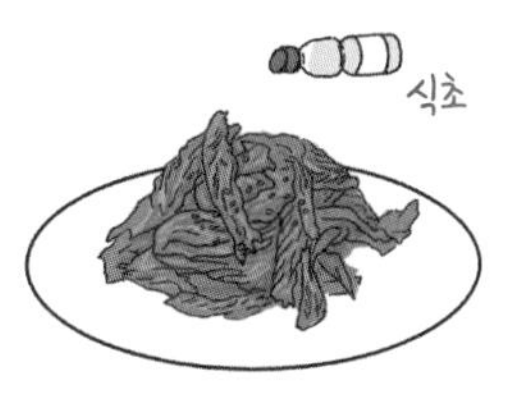

4 기호에 따라 식초 한두 방울을 넣고 무쳐도 좋아요.

좀더 쉽게

황태채를 이용하면 맛있기도 하고 잘게 손질되어 있어 가시를 다듬지 않고 바로 할 수 있어요.

좀더 알아보아요 1

북어는 명태를 말린 것이에요. 말리는 방법에 따라 명칭이 다양해요. 황태, 먹태, 백태, 노가리 등으로 불려요.

좀더 알아보아요 2

황태는 날씨에 따라 얼고 마르는 과정을 반복하기 때문에 단백질이 아미노산으로 분해되어 독특한 감칠맛을 내요. 흡수율이 좋아 노약자에게 특히 좋은 식재료예요.

3단계

매콤새콤달콤한 맛이 어우러진

야채비빔국수

한여름에 뚝딱 해먹기 좋은 비빔국수는 입맛을 돌아오게 하는 한 끼예요. 제철 채소와 과일을 고명으로 올리면 다양한 맛을 즐길 수 있어요.

tip 1 고명은 김치, 양배추, 깻잎, 콩나물, 상추 등 있는 재료를 사용하여 올리세요.

tip 2 고명으로 배를 올리면 시원한 맛뿐 아니라 국수를 잘 소화시키는 데 도움이 된답니다.

tip 3 국수를 삶을 때 집게로 면을 집었다 놓았다 반복해주면 공기 접촉으로 인해 면발이 쫄깃해집니다.

준비해요

주재료

- 국수 400g(4인분)
- 참기름 1큰술

- 오이 1개
- 배 1/3개
- 삶은 달걀 2개

비빔양념장 재료

- 고추장 3큰술
- 고춧가루 5큰술
- 한식간장 2큰술
- 식초 2큰술
- 조청(또는 올리고당) 2큰술
- 설탕 2큰술
- 양파즙 2큰술
- 사과즙(또는 배즙) 2큰술
- 다진 파 2큰술
- 다진 마늘 2큰술
- 깨소금 1큰술
- 생강즙 1작은술

재료를 손질해요

+ 비빔양념장 재료들을 모두 섞어놓으세요.

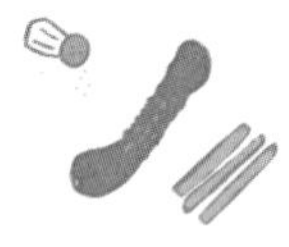

+ 오이는 굵은 소금으로 문질러 씻은 다음 채썰어 놓으세요.

+ 배는 껍질을 벗기고 오이와 같은 크기로 채썰으세요.

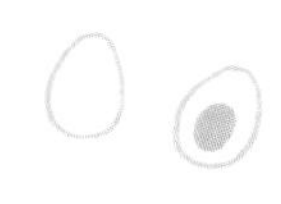

+ 삶은 달걀은 껍질을 벗기고 반으로 갈라놓으세요.

이렇게 조리해요

1 국수의 10배 되는 물을 준비해요. 물이 끓으면 소금 1큰술을 넣으세요.

2 끓는 물에 국수를 펼치듯이 넣으세요. 뭉치지 않도록 합니다.

3 물이 끓어 오르면 찬물 반 컵을 넣고 기다리다가 다시 끓어오르면 나머지 반 컵을 넣으세요.

4 삶은 국수를 찬물에 넣고 비벼가면서 헹군 다음 체에 받쳐 물기를 빼줍니다.

5 물기가 빠진 국수를 그릇에 담고 참기름으로 살짝 버무려놓으세요.

6 그릇에 국수를 담고 비빔양념과 고명을 얹어 내세요. 양념장에 비빔국수를 비벼서 담아도 돼요.

좀더 쉽게

비빔양념장을 넣고 비빌 때 뻑뻑하면 동치미국물이나 물김치를 넣으면 쉽게 비벼집니다. 다시마 육수 등도 좋으나 없을 때는 생수를 조금 넣어도 됩니다.

좀더 다양하게

여름에는 양배추 등 채소뿐 아니라 제철 과일인 수박이나 참외를 고명으로 얹어도 다양한 맛을 즐길 수 있어요.

좀더 알아보아요

비빔양념장은 바로 먹어도 되지만 넉넉히 만들어 냉장고에 넣고 일주일 정도 숙성시키면 맛이 더 좋아져요. 이때 식초는 빼고 만들도록 하세요.

맵고 뜨거운 한 그릇으로 입맛 돋우는

장칼국수

육수에 고추장을 넣고 얼큰하게 끓여내는 장칼국수는 입맛을 돋아줘요. 같은 방법으로 수제비나 만두국, 떡국도 넣으면 좋아요.

tip 1 고추장과 된장 비율을 조금씩 달리하면서 매운맛과 구수한 맛의 비율을 찾아보세요.

tip 2 국이나 찌개 등 장국에 쓰이는 고추장은 단맛이 덜한 전통 고추장을 사용해요.

tip 3 생면이나 수제비 반죽은 한 번 먹을 만큼씩 담아 냉동 보관하다가 필요할 때 해동해서 만들면 시간을 절약할 수 있어요.

준비해요

주재료(4인분)

- 칼국수(생면) 400g
- 멸치다시마육수 8컵
- 고추장 2큰술

- 감자 1개
- 양파 1/4개
- 생표고버섯 2개
- 마른 새우 10g(선택)
- 풋고추 1개

양념 재료

- 대파 1대
- 다진 마늘 2작은술
- 한식간장 2작은술

 재료를 손질해요

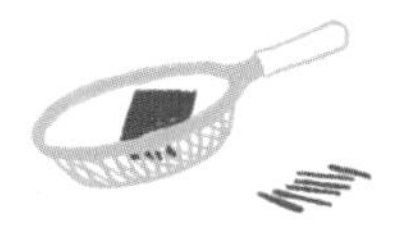

+ 멸치다시마육수 8컵 만들기

- 멸치(20g)를 넣고 볶다가 물 10컵을 부어요.
- 다시마나 뿌리채소를 넣고 끓기 시작하면 7~8분 후에 다시마를 건져내고 10분 더 끓여요.
- 체에 걸러 맑은 육수를 만들고, 남은 다시마는 채썰어 사용해요.

+ 채소 준비

- 감자는 반으로 잘라 큼직큼직하게 썰어요.
- 양파는 굵게 썰어요.
- 표고버섯은 편썰고, 풋고추와 대파는 어슷썰기해요.

이렇게 조리해요

1 멸치다시마육수에 고추장을 풀어넣고, 감자와 양파, 표고버섯을 넣고 끓여요. 마른 새우도 넣으면 더 시원해요.

2 감자가 반 정도 익었을 때 국수를 넣으세요. 생면은 밀가루가 묻어 있으므로 털어 넣도록 하세요.

3 국수가 익어 투명하게 보이면 풋고추와 다진 마늘, 대파를 넣으세요.

4 마지막으로 간을 한식간장으로 하세요.

좀더 쉽게

육수 만들기가 번거롭다면 멸치나 다시마를 찬물에 넣고 하룻밤 우려내어 사용하세요. 맑고 개운한 육수가 됩니다.

좀더 다양하게

육수를 낼 때 멸치뿐 아니라 북어대가리나 건표고버섯을 같이 넣으면 맛이 더 좋아져요. 표고버섯은 버리지 말고 건져서 식재료로 사용하세요.

좀더 알아보아요

강원도 지방에는 고추장 장국에 갓김치소로 만든 메밀만두를 넣고 끓여 먹는 특별한 향토음식이 있답니다.

짜글짜글한 국물에 밥을 비벼먹는

두부짜글이

찌개처럼 국물이 많지 않지만 짜글짜글 진하게 졸인 국물이 있어 밥에 쓱싹쓱싹 비벼 먹게 하는 소박한 음식으로 밥 한 그릇 뚝딱 할 수 있는 음식이에요.

tip 1 무는 두껍게 썰면 오래 익혀야 하니 되도록 얇게 썰어 빨리 익게 하세요.

tip 2 손질할 때 떼어낸 표고버섯 기둥은 버리지 말고 무와 함께 넣어주세요. 표고버섯 향뿐 아니라 영양도 높일 수 있어요.

tip 3 고추장으로 얼큰한 국물 맛을 낼 때 고춧가루를 조금 섞어주면 텁텁한 맛을 줄일 수 있어요.

준비해요

주재료

- 두부 1모(300g)
- 멸치육수 2컵
- 무 100g
- 양파 1/2개(100g)
- 표고버섯 2개
- 느타리버섯 50g
- 청홍고추 1개씩

양념 재료

- 고추장 2큰술
- 한식간장 1큰술
- 고춧가루 2큰술(취향껏)
- 다진 마늘 1큰술
- 청주 2큰술
- 조청 2큰술
- 들기름 2큰술

재료를 손질해요

+ 두부는 두툼하게 썰어 간장을 살짝 뿌려 밑간해놓아요.

+ 무는 두부 크기로 얄팍하게 썰으세요.

+ 양파는 굵게 채썰어요.

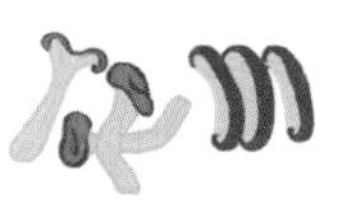

+ 표고버섯은 기둥을 뗀 다음 편썰기하고 느타리버섯은 길게 결대로 찢어놓아요.

+ 청홍고추는 어슷하게 동글썰기해요.

이렇게 조리해요

1 먼저 양념을 모두 섞어놓으세요.

2 뚝배기에 무와 멸치육수를 넣고 5분 정도 끓이세요.

3 무 위에 두부를 넣고 양념과 나머지 채소를 올려 자박자박하게 중불에서 끓여요.

4 끓이는 동안 얼큰한 국물이 두부와 채소에 배어들도록 끼얹어주세요.

5 국물이 자작해질 때까지 계속 끓입니다.

좀더 특별하게

짜글이를 할 때 돼지고기나 차돌박이를 넣어도 맛있어요.

좀더 맛있게 1

간장 대신 액젓이나 참치액을 넣어도 색다른 맛을 느낄 수 있어요.

좀더 맛있게 2

짜글이는 국물을 찌개보다 적게, 조림보다 넉넉히 해서 뚝배기에 끓이면 더 맛있어요.

술안주로도 속풀이로도 제격인

황태고추장찌개

식사하면서 술 한잔을 곁들일 때 가장 잘 어울리는 찌개예요. 황태를 넣어 시원하고, 고추장을 넣어 칼칼하기 때문에 숙취해소로도 제격이에요.

tip 1 달군 팬에 소고기를 볶다가 참기름을 넣고 볶으세요. 참기름을 먼저 넣으면 발연점이 낮아 탈 수 있어요.

tip 2 육수를 만들 때 진하고 넉넉하게 끓여 한 번 먹을 만큼 나누어 냉동 보관해 두세요. 국이나 찌개 등 국물요리를 쉽게 할 수 있어요.

tip 3 찌개가 끓어오를 때 생기는 거품은 자주 걷어내야 맛이 깔끔해져요.

준비해요

주재료

- 소고기 100g
- 황태 1마리
- 무 150g
- 콩나물 100g
- 표고버섯 3개
- 풋고추 2개

- 육수 5컵

찌개양념 재료

- 고추장 4큰술
- 참기름 1큰술
- 한식간장 1큰술
- 다진 마늘 1큰술
- 대파 1대

재료를 손질해요

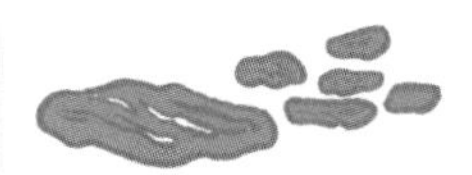

+ 소고기는 납작하게 썰어놓아요.

+ 황태는 물에 한 번 씻은 다음 살짝 가시를 발라 불려지면 먹기 좋은 한입 크기로 썰어요.

+ 무는 나박썰기, 표고버섯은 어슷썰기 해서 저며두세요.

+ 대파는 어슷썰기해 두고, 마늘은 다져 놓으세요.

이렇게 조리해요

1 물 7컵에 북어대가리, 양파, 대파뿌리, 다시마를 넣고 끓이다가 다시마를 먼저 건져내고 더 끓입니다.

2 건지를 체에 걸러 맑은 육수를 준비합니다.

3 소고기를 고추장에 버무려 참기름에 볶은 후 미리 준비해 둔 육수를 붓고 끓여요.

4 육수가 끓으면 황태와 무를 넣고 더 끓이세요.

5 무가 절반 정도 익었을 때 콩나물과 표고버섯, 풋고추를 넣으세요.

6 다시 한소끔 끓으면 한식간장으로 간을 맞추고 다진 마늘과 대파를 넣으세요. 먹기 직전 한 번 더 끓여내세요.

좀더 특별하게

황태고추장 양념을 미리 만들어두면 편해요. 황태채를 잘게 다지고 건표고버섯은 굵게 갈고, 고추장, 마늘, 청주, 물 약간을 넣어 끓이면 됩니다.

좀더 알아보아요

황태는 고단백 저칼로리 식품이어서 다이어트, 피로회복, 두뇌발달에 큰 도움이 되기 때문에 남녀노소 모두에게 이로운 식재료입니다.

튀기지 않아 좀더 건강하게 먹을 수 있는

닭다리와 통마늘볶음

닭다리와 통마늘을 고추장으로 볶아 매콤하고 칼칼하게 맛을 내어 술안주나 반찬으로도 좋은 음식이에요.

tip 1 닭다리살의 기름을 깨끗하게 다듬어야 닭 누린내가 나지 않아요. 기름기 적은 닭가슴살로 해도 좋아요.

tip 2 닭다리살에 밑간을 하거나 우유에 담가 누린내를 없애도록 하세요.

tip 3 닭다리살은 쫄깃하여 식감이 좋아요. 닭가슴살이나 닭근위(모래주머니)로 만들어도 다른 맛을 즐길 수 있어요.

준비해요

주재료

- 닭다리살 150g
- 통마늘 15개
- 마늘종 4줄기
- 향즙 1큰술

- 통깨 1작은술
- 참기름 1작은술

볶음양념 재료

- 고추장 1큰술
- 고춧가루 1작은술
- 청주 1큰술
- 다진 생강 1작은술
- 통깨 1작은술
- 참기름 1작은술
- 소금 한 꼬집
- 후춧가루 약간

재료를 손질해요

+ 닭다리살 껍질 밑의 기름덩어리를 떼고 씻어주세요. 2.5cm 크기로 자르고 소금과 향즙으로 버무려 밑간해요.

+ 마늘종은 씻어 물기를 제거한 다음 3cm 길이로 잘라놓아요.

+ 마늘종과 함께 통마늘도 소금물에 살짝 삶아놓으세요.

+ 볶음양념 재료를 모두 섞어놓아요.

이렇게 조리해요

1 팬에 기름을 두르고 먼저 통마늘과 닭다리살을 넣고 볶아요.

2 볶음양념을 넣고 간이 배도록 약불에 뭉근히 볶으세요.

3 마늘종을 넣고 볶음양념이 묻을 정도로만 버무리며 볶아주세요.

4 완성되면 접시에 담고 통깨와 참기름을 뿌려놓으세요.

좀더 쉽게

마늘이나 배, 양파를 갈아 향즙을 만들어두면 좋아요. 향즙이 없을 때는 청주나 맛술로 대신하세요.

좀더 다양하게

마늘종이 없을 때는 취향에 따라 풋고추, 꽈리고추, 피망, 아스파라거스를 넣으세요.

좀더 특별하게

고기도 통마늘 크기로 썰어 먼저 익힌 다음 색색으로 꼬치에 꿰어 만들면 예쁘기도 하고 먹기에도 좋아요.

건강하게 소시지를 먹는 방법

소시지채소고추장볶음

소시지채소고추장볶음은 아이들 반찬으로도, 술안주로도 아주 좋은 음식이에요. 보통 토마토케첩을 이용해 맛을 내지만 고추장 풍미를 더하면 느끼함은 잡고, 개운한 맛을 낼 수 있어요.

tip 1 소시지를 끓는 물에 데치면 짠맛을 줄일 수 있을 뿐 아니라 기름과 첨가물도 걸러낼 수 있어요.

tip 2 단호박은 익으면 부서지므로 따로 익힌 다음 나중에 섞으세요. 브로콜리도 삶은 다음 나중에 넣으세요.

tip 3 어린이나 노약자 간식으로 만들 때는 가급적 첨가물이 적은 토마토케첩을 골라 사용하세요.

준비해요

주재료

- 소시지 200g
- 브로콜리 1/4개
- 양파 1/2개
- 단호박 120g(선택)
- 풋고추 2개
- 통마늘 5개

- 볶음용 포도씨유 2큰술

볶음양념 재료

- 고추장 1큰술
- 토마토케첩 1큰술
- 생강술 1큰술
- 조청(또는 올리고당) 1큰술
- 참기름 1작은술
- 깨소금 1작은술
- 후춧가루 약간

재료를 손질해요

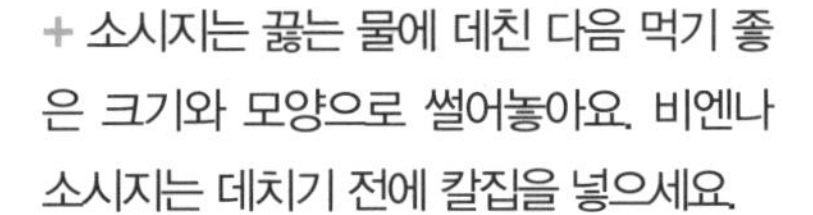

+ 소시지는 끓는 물에 데친 다음 먹기 좋은 크기와 모양으로 썰어놓아요. 비엔나소시지는 데치기 전에 칼집을 넣으세요.

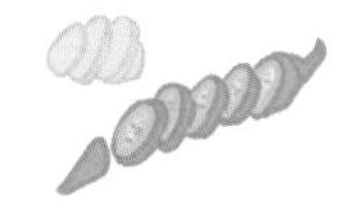

+ 마늘은 편썰고, 풋고추는 어슷썰기해두세요.

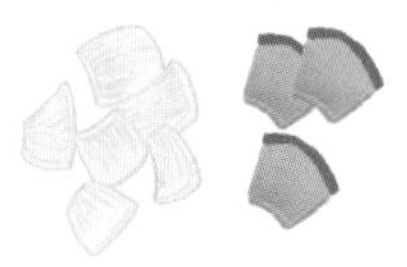

+ 양파와 단호박은 3x3cm 크기로 큼직하게 썰으세요.

+ 브로콜리는 한입 크기로 썰어 끓는 물에 소금 약간 넣고 살짝 데친 다음 찬물에 헹궈놓아요.

+ 볶음양념 재료를 모두 섞어놓아요.

이렇게 조리해요

1 달군 팬에 기름을 두르고 단호박을 볶다가 익으면 다른 그릇에 덜어놓아요.

2 팬에 다시 기름을 두르고 편으로 썬 마늘과 소시지를 넣고 중불에서 볶아요.

3 소시지가 익어서 부풀어오르면 양파와 풋고추를 넣고 볶으세요.

4 미리 볶아놓은 단호박과 삶은 브로콜리, 양념을 모두 섞어 살짝 볶은 다음 불을 끄세요.

좀더 다양하게

채소는 버섯, 당근, 단맛이 나는 파프리카를 넣어도 맛좋아요.

좀더 특별하게

소시지채소볶음을 간장으로 할 경우 고추기름에 마늘이나 생강, 대파 등을 볶다가 소시지와 채소가 어느 정도 익으면 청주와 설탕 약간을 넣어 마무리하면 됩니다.

좀더 알아보아요

건강을 위해서 가급적 첨가물이 없는 수제 소시지를 골라 사용하세요.

두부와 우엉의 환상적인 조합

두부우엉조림

두부에는 흔히 김치볶음을 해서 곁들이는데 이번에는 우엉조림을 얹어서 먹는 별미 반찬이 될 거예요. 두부와 이색적인 향과 식감의 우엉을 함께 조려보세요.

tip 1 우엉은 껍질을 벗긴 채 채썰어 두면 산화되어 갈변이 되지요. 채썰어 물에 담가두면 갈변되지 않을 뿐더러 우엉의 떫은맛도 없앨 수 있어요.

tip 2 우엉은 흙은 털어내고 씻어낸 다음 필러나 칼등으로 긁으면 껍질을 잘 벗길 수 있어요.

tip 3 너무 굵은 우엉을 고르면 심이 있을 수 있으니 동전만한 것으로 골라요. 껍질이 있되 흠집 없고 매끈한 것이 좋습니다.

준비해요

주재료

- 두부 반모(200g)
- 우엉 100g
  (동전 굵기 정도로 길이 30cm)
- 들기름 1큰술
- 포도씨유 1큰술

- 실파 2줄기
- 통깨 1큰술

조림양념 재료

- 고추장 1큰술
- 한식간장 1작은술
- 청주(또는 맛술) 1큰술
- 조청 1큰술

재료를 손질해요

+ 두부를 반으로 갈라 1cm 두께로 자른 다음 소금을 살짝 뿌려 밑간해놓아요.

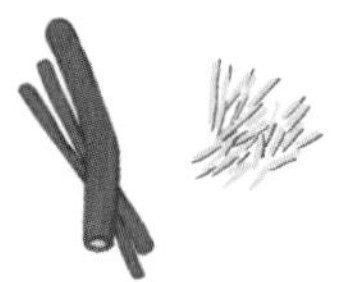

+ 껍질 벗긴 우엉을 4~5cm 길이로 잘라 곱게 채썰어놓아요.

+ 실파를 다지듯 동글썰기해요.

+ 있는 조림양념 재료를 모두 섞어두세요.

이렇게 조리해요

1 달군 팬에 포도씨유를 두르고 두부를 노릇하게 구워 다른 그릇에 담아놓아요.

2 이번에는 팬에 들기름을 두르고 우엉채를 중불에서 익을 때까지 천천히 볶아놓으세요.

3 볶아놓은 우엉에 조림양념을 넣고 잘 배어들도록 한 번 더 볶아줍니다.

4 그 위에 다진 실파와 통깨를 뿌려서 장식하세요.

5 접시에 따로 담아둔 두부 위에 우엉볶음을 얹어 내세요.

좀더 건강하게

우엉 껍질을 까지 않고 면행주로 문질러서 흙을 씻어내기만 하고 사용하면 건강에는 더 좋아요.

좀더 특별하게

우엉은 쫄깃하면서도 아삭한 식감과 톡특한 향이 있으므로 조림이나 찜, 무침, 튀김 등 다양한 요리에 활용해보세요.

좀더 알아보아요

우엉은 섬유소가 많아 장을 자극해 변비뿐 아니라 대장암 예방에도 효과적이에요.

무 대신 콜라비로 맛을 더하는

콜라비와 오징어초무침

오징어초무침을 할 때 무를 많이 썼는데 이번에는 무 대신 콜라비를 넣어보는 거예요. 콜라비를 넣으면 좀더 아삭한 식감과 단맛을 즐길 수 있어요.

tip 1 오징어를 데치기 전 오징어 몸통 안쪽으로 칼집을 내주세요. 바깥쪽은 미끄러워 손을 다칠 수 있어요.

tip 2 오징어는 데치기 전에 미리 깨끗하게 씻어야 해요. 데친 후 찬물에 씻게 되면 단맛이 다 빠집니다.

tip 3 오징어를 데칠 때 채소 자투리나 청주 등과 소금을 조금 넣으면 맛이 좋아집니다.

준비해요

주재료

재료 1
- 오징어 1마리
- 식초 1큰술, 설탕 1큰술
- 소금 1/2큰술

재료 2
- 콜라비 1/2개(200g)
- 오이 1/2개(100g)
- 식초 1큰술(가감)
- 설탕 1큰술, 소금 2큰술

- 청홍고추 1개씩, 미나리 50g
- 참기름 · 통깨 약간씩

무침양념 재료

- 고추장 1큰술
- 고춧가루 2큰술
- 한식맛간장 1작은술
- 설탕 1큰술, 조청 1큰술
- 식초 1큰술
- 다진 마늘 1큰술
- 다진 파 2큰술

재료를 손질해요

+ 채소를 다듬어요.
- 콜라비는 껍질을 필러로 벗긴 다음 2×0.2×5cm로 썰어놓아요.
- 오이는 반으로 가른 다음 반달썰기해요.
- 청홍고추는 반을 갈라 씨를 빼낸 다음 채썰어요.
- 미나리는 잎을 떼어내고 잘 다듬어 5cm 길이로 자릅니다.

+ 오징어를 다듬어요.
- 오징어 내장을 떼어내고 왕소금을 묻혀가며 껍질을 벗겨요.
- 데치기 전 칼집을 내세요. 모양도 예쁘고 양념도 잘 배어요.
- 콜라비와 같은 크기로 썰어요.

이렇게 조리해요

1 콜라비와 오이를 식초, 설탕, 소금에 재워 냉장고에 넣어놓으세요.

2 오징어도 식초, 설탕, 소금, 유자청에 재워 차게 해두세요.

3 무침양념 재료를 모두 섞으세요.

4 콜라비와 오이, 오징어를 체에 받쳐 물기를 뺀 다음 무침양념에 고루 섞어요.

5 미나리와 청홍고추, 참기름을 넣고 가볍게 버무려요.

6 접시에 담고 통깨를 뿌리세요.

좀더 다양하게

콜라비 대신 무를, 미나리 대신 풋마늘대를 데쳐서 해도 맛있어요.

좀더 맛있게

콜라비는 너무 작으면 당도가 낮고, 또 너무 크면 식감이 거칠고 단단해서 맛이 없어요. 적당한 크기로 고르세요.

좀더 알아보아요

콜라비는 양배추와 순무를 교배해서 만든 것이에요. 특히 나트륨 배출에 도움을 주어 혈관질환 예방에 효과적이에요.

돌돌 휘감긴 것을 먹는 재미

미나리강회와 초고추장

미나리나 파를 데쳐서 돌돌 휘감아 초고추장에 찍어먹는 강회는 손이 많이 가는 음식이지만 먹는 재미가 있어요. 특히 미나리가 제철인 봄에 해물을 곁들여 먹으면 산뜻한 맛을 느낄 수 있는 품위 있는 궁중음식이랍니다.

tip 1 채소 스틱에 곁들였던 초고추장을 그대로 활용한 전통음식이에요. 익힌 채소와도 잘 어울려요.

tip 2 내장과 먹통을 뗀 낙지는 굵은 소금을 넣고 바락바락 주물러 이물질과 점액질을 깨끗이 씻어내세요.

tip 3 낙지를 끓는 물에 15초 정도 살짝 데쳐내어 얼음물에 담가 헹궈내세요. 오래 데치면 수분이 빠져 낙지가 질겨져요.

준비해요

주재료

- 미나리(또는 실파) 200g
- 낙지(또는 오징어나 갑오징어) 1마리

- 물 4컵
- 소금 1작은술(데침용)
- 초고추장(분량껏)

초고추장 재료

- 고추장 1/2컵
- 레몬즙 3큰술
- 사과즙(또는 배즙) 2큰술
- 한식간장 1작은술
- 설탕 2큰술
- 2배식초 1큰술
- 생강즙 1/2작은술
- 다진 마늘 1작은술
- 고운 고춧가루 1작은술

재료를 손질해요

+ 미나리는 잎을 떼고 깨끗이 씻어놓아요.

+ 낙지를 다듬어요.
- 낙지는 머리를 뒤집어 내장과 먹통을 떼어내세요.
- 낙지를 굵은 소금에 바락바락 문질러 잘 씻어놓으세요.

- 낙지를 끓는 물에 살짝 데쳤다가 얼음물에 헹궈내세요.

- 낙지를 3cm 길이로 먹기 좋게 자르세요.

이렇게 조리해요

1 초고추장 양념을 모두 섞어 미리 만들어놓으세요.

2 미나리는 끓는 물에 소금 1작은술을 넣고 살짝 데쳐요.

3 데친 미나리는 찬물에 헹구고 물기를 짜주세요.

4 낙지와 미나리를 같이 말아 풀리지 않게 묶으세요. 미나리의 끝부분을 젓가락으로 밀어넣으면 쉽게 됩니다.

5 미나리강회를 초고추장과 곁들여내세요.

좀더 쉽게

초고추장은 넉넉히 만들었다가 숙성시키면 맛이 더 좋아요.

좀더 다양하게

실파로 파강회를 만들어도 좋아요.

좀더 알아보아요

강회는 숙회 중 하나예요. 전통적으로 미나리나 파와 같은 채소를 소금물에 살짝 데친 다음 편육이나 낙지, 오징어, 홍고추, 황백지단 등을 한데 말아 묶어 초고추장에 찍어 먹는 음식이에요.

가을부터 봄까지 밥상에 꼭 올려야 할

고등어무조림

대표적인 등푸른 생선인 고등어는 오메가3가 많아 기억력과 학습능력을 높이는 데 좋은 식재료예요. 10월부터 3월까지가 가장 맛이 좋아요.

tip 1 고등어는 신선도가 떨어지면 산패하여 비린내가 납니다. 아가미 속이 선홍색을 띠고 살이 탄력 있고, 단단한 것, 그리고 등쪽에 짙은 푸른색과 무지개빛 도는 것을 확인하고 구입하세요.

tip 2 고등어의 비린내를 줄이는 데는 여러 가지 방법이 있어요. 먼저 생선을 조릴 때 뚜껑을 열어두면 비린내가 휘발돼요. 또한 조리하기 전 식초 뿌려두기, 먹기 직전 레몬 뿌리기, 소금 뿌려놓기, 생강술이나 청주 뿌려놓기 등이 있어요.

준비해요

주재료

- 생고등어 2마리(600g)

- 무 500g
- 양파 1/2개
- 청양고추 2개
- 홍고추 1개
- 물 3컵
- 다시마(10×10cm) 1장

조림양념 재료

- 고추장 3큰술
- 한식간장 3큰술
- 고춧가루 2큰술
- 다진 마늘 3큰술
- 다진 생강 1큰술
- 청주(또는 생강술) 3큰술
- 참기름 2큰술
- 깨소금 3큰술
- 매실청 3큰술

재료를 손질해요

+ 고등어를 손질해요. 대가리와 내장을 잘 빼내고 씻어야 비린내가 나지 않아요.

+ 고등어를 어슷하게 서너 토막으로 자른 다음 소금을 두 꼬집 정도 톡톡 뿌려두세요.

+ 무를 넓적하고 도톰하게 썰어요. 양파는 굵게 채썰고, 청홍고추는 어슷썰기해 놓아요.

+ 조림양념 재료를 모두 섞어요.

이렇게 조리해요

1 냄비에 물과 다시마, 무를 넣고 먼저 삶아요.

2 7분 정도 후에 다시마를 먼저 건져내세요.

3 냄비에 고등어와 양파, 청홍고추를 넣고 조림양념을 넉넉하게 두른 다음 센 불에 끓여요.

4 한소끔 끓으면 뚜껑을 열고 중불로 줄이세요.

5 고등어조림의 국물이 바특해질 때까지 조림양념을 끼얹어가면서 조려내세요.

좀더 맛있게

꼭 무를 먼저 삶으세요. 무가 푹 익어야 간이 제대로 배어들어요. 그리고 여러 번 양념을 고등어에 끼얹어주며 조려야 고등어조림에 깊은 맛을 낼 수 있어요.

좀더 특별하게

무 대신 시래기나물을 넣어도 맛있어요. 시래기는 부드럽게 삶아 미리 양념해서 익히다가 고등어를 넣으세요.

좀더 다양하게

묵은지, 고구마순, 고사리와 각종 묵나물 등도 고등어조림 재료로 어울려요.

영양이 가득한 건과일로 만드는

사과말랭이고추장무침

과일을 건조하면 영양이 농축되어 겨울 간식으로 특히 좋아요. 매콤한 고추장에 사과말랭이를 버무려서 비타민을 듬뿍 섭취할 수 있는 영양반찬을 만들어요.

tip 1 꿀 대신 조청을 넣어도 괜찮아요. 꿀보다 달지 않게 만들 수 있어요.

tip 2 사과말랭이무침은 반찬이기 때문에 맛없거나 당도가 떨어지는 사과로 만들면 좋아요.

tip 3 너무 바싹 마른 사과말랭이는 부서지기 쉬우므로 물에 살짝 불리세요. 그다음 물기를 꼭 짜내야 양념이 잘 배어들어요.

준비해요

주재료

- 사과 500g
  (또는 사과말랭이 100g)
- 실파 1줄

무침양념 재료

- 고추장 2큰술
- 고운 고춧가루 1작은술
- 멸치액젓
  (또는 까나리액젓) 1/2큰술
- 꿀(또는 조청) 1큰술
- 다진 마늘 1작은술
- 참기름 2작은술
- 통깨 2작은술

재료를 손질해요

+ 사과를 4등분으로 자르고 씨를 발라낸 다음 0.5cm 두께로 썰어요.

+ 채반에 널어 바람이 잘 통하는 곳에서 꾸덕꾸덕하게 말려요.

+ 무침양념 재료를 모두 섞어놓으세요.

이렇게 조리해요

1 사과말랭이를 물에 한 번 씻어 부드러워지면 물기를 꼭 짜놓아요.

2 사과말랭이에 무침양념을 넣고 무쳐요.

3 접시에 담고 실파를 송송 썰어 고명으로 올려요.

사과 말리는 방법

사과는 가을에 0.5cm 두께로 썰어 연한 설탕물이나 소금물에 담갔다가 말리세요. 갈변 없이 뽀얀 흰색으로 말라요. 고추장에 무침으로 할 경우에는 갈변되어도 괜찮으므로 그대로 말려 사용하세요.

좀더 쉽게

사과를 말릴 때 가정용 건조기를 사용하면 좀더 쉽게 할 수 있어요.

좀더 특별하게

멸치액젓이나 까나리액젓 대신 간장으로 간을 맞춰도 됩니다.

좀더 다양하게

감을 말려서 사용해도 좋아요. 전통적으로 감말랭이를 만들어 고추장장아찌를 만들었답니다.

4단계

녁녁히 끓여내면 온가족 모두 건강해지는

버섯육개장

버섯을 넉넉히 넣어 감칠맛을 살리면서 콜레스테롤을 낮출 수 있는 육개장이에요. 특히 숙주가 함께 들어가 황사나 미세먼지로부터 기관지를 보호하는 데 도움이 된답니다.

tip 1 소고기의 핏물을 빼면 고기 특유의 누린내를 줄일 수 있어요.

tip 2 향신채를 끓인 물에 고기를 삶으면 잡내를 없앨 뿐더러 향을 더할 수 있어요.

tip 3 건표고버섯은 물에 불린 다음 넣으세요.

준비해요

주재료(4인분)

- 소고기(양지) 400g
- 물 2L
- 표고버섯 3개
- 느타리버섯 100g
- 새송이버섯 50g
- 숙주 100g
- 대파 2대

- 향신채
  (마늘 6쪽, 통후춧가루 1작은술, 대파, 파뿌리, 생강 1/2톨)

국거리양념 재료

- 고추장 1큰술
- 고춧가루 2큰술
- 고추기름(또는 참기름) 1큰술
- 한식간장 1큰술
- 다진 파 1큰술
- 다진 마늘 1/2큰술
- 천일염 한 꼬집
- 후춧가루 약간

재료를 손질해요

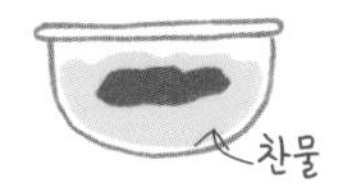

+ 소고기는 큼직하게 썬 다음 찬물에 30분 정도 담가 핏물을 빼세요.

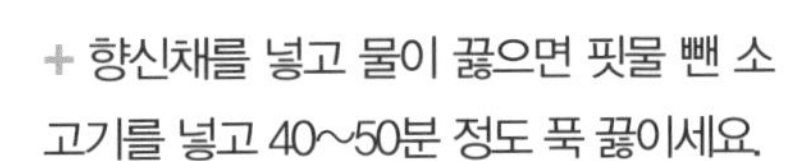
+ 향신채를 넣고 물이 끓으면 핏물 뺀 소고기를 넣고 40~50분 정도 푹 끓이세요.

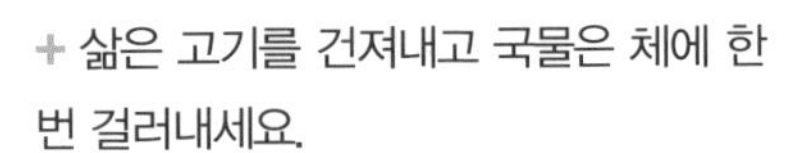
+ 삶은 고기를 건져내고 국물은 체에 한 번 걸러내세요.

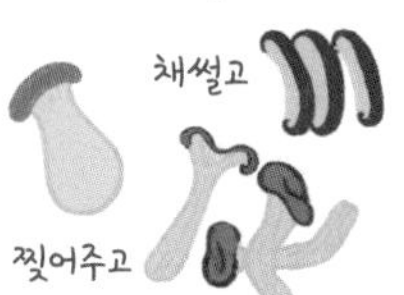

+ 느타리버섯과 새송이버섯은 길이대로 찢고, 표고버섯은 채썰어 놓으세요.

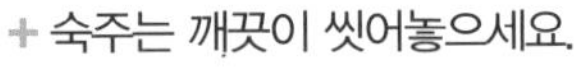
+ 숙주는 깨끗이 씻어놓으세요.

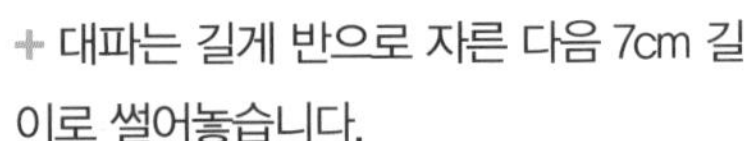
+ 대파는 길게 반으로 자른 다음 7cm 길이로 썰어놓습니다.

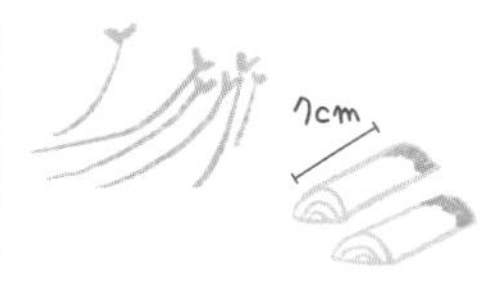

+ 양념은 분량대로 섞어놓아요.

이렇게 조리해요

1 먼저 끓는 물에 대파와 숙주순으로 살짝 데쳐내세요.

2 삶아낸 고기를 결대로 찢은 다음 국거리양념 3분의 1을 넣고 무쳐요.

3 볼 한쪽 옆에 버섯과 대파와 숙주를 놓고 남은 국거리양념에 각각 무칩니다.

4 냄비에 고기 삶아 걸러낸 육수를 넣고 끓기 시작하면 먼저 고기를 넣고 한소끔 끓여요.

5 무쳐놓은 버섯과 대파, 숙주를 넣고 다시 한번 끓입니다.

6 맛이 어우러지면 소금이나 한식간장으로 간을 맞춥니다.

좀더 다양하게

새송이버섯이나 느타리버섯을 결대로 찢어 하루 정도 말린 다음 물에 잠깐 담갔다가 쓰면 식감도 쫄깃해서 좋지만 영양도 배가됩니다.

좀더 맛있게

육개장은 준비나 요리과정에서 손이 많이 가지만 넉넉히 끓여놓고 먹으면 좋은 음식이에요. 그리고 많은 양을 끓이면 국물 맛도 더 좋아요.

좀더 알아보아요

육개장에 넣는 재료는 지방마다 특색이 있어요. 버섯 대신 토란대나 고사리 등을 넣기도 하고, 들깻가루를 넣어 구수한 맛을 더하기도 해요.

색다른 레드카레를 만드는 방법

고추장카레덮밥

토마토 소스의 새콤함과 카레의 매콤함에 고추장의 풍미를 더한 맛을 느낄 수 있는 덮밥이에요. 즐겨먹던 카레에 고추장을 더해 퓨전 요리를 만들어보세요.

tip 1 좀더 칼칼한 맛의 카레를 만들고 싶으면 청양고추를 넣으세요. 맛이 한결 깔끔해져요.

tip 2 새콤한 맛을 내는 토마토 소스는 피로회복에 좋아요. 토마스 소스의 양을 조절해 새콤한 맛을 늘리거나 줄이세요.

준비해요

주재료(4인분)

- 카레가루 1봉(100g)
- 가지 1개
- 양파 2개(중)
- 닭다리살 (또는 돼지고기나 소고기) 300g
- 청주 2큰술
- 마늘 10쪽
- 다진 생강 1작은술
- 청양고추(또는 풋고추) 2개

카레 재료

- 고추장 2큰술
- 토마토 소스 200g (또는 토마토 1개)
- 물 3~4컵

재료를 손질해요

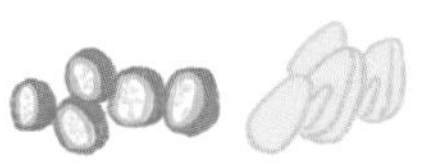

+ 채소를 다듬어요.
- 가지는 씻어 꼭지를 자른 다음 어슷썰기하세요.
- 양파 1개는 채썰고, 나머지 1개는 큼직하게 잘라놓으세요.
- 마늘은 편썰고 청양고추는 송송 썰어놓아요.

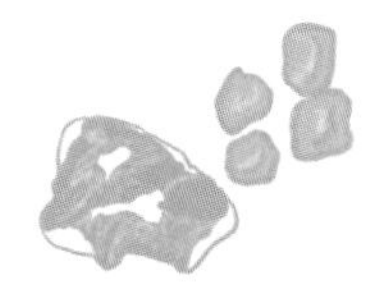

+ 닭다리살은 기름기를 떼어내고 씻은 다음 3×3cm 크기로 자르세요.
+ 자른 닭다리살에 청주를 뿌려놓아요.

+ 물 1컵에 카레가루와 고추장을 풀어놓으세요.

이렇게 조리해요

1 오목한 팬에 기름을 넉넉하게 두르고 채썬 양파를 갈색이 되도록 볶으세요.

2 양파의 풍미가 올라오면 닭다리살과 편마늘을 넣고 다시 한번 볶아요.

3 닭다리살과 편마늘이 어느 정도 익으면 가지와 남은 양파를 넣고 잘 섞이도록 볶으세요.

4 물 2컵을 넣고 끓이다가 고기가 익을 즈음 풀어놓은 카레와 고추장, 토마토 소스를 넣고 한소끔 끓입니다. 카레 농도가 진하면 물을 추가하세요.

5 간을 맞출 때는 소금으로 합니다.

좀더 다양하게

닭고기 대신 돼지고기, 소고기, 새우, 관자, 오징어 같은 재료로도 해보세요. 채소도 감자, 당근, 단호박, 브로콜리 등을 넣어 해보세요.

좀더 맛있게

토마토 소스 대신 토마토홀이나 토마토페이스트를 쓸 수도 있어요.

좀더 알아보아요

생토마토로 만들면 더 좋아요. 토마토에 +자로 칼집을 낸 다음 끓는 물에 살짝 데쳐 껍질을 벗기고 굵게 썰어넣으면 더 건강하게 만들 수 있어요.

손님 상차림으로 너끈한

돼지불고기와 유자청소스샐러드

오이즙을 넣은 양념으로 불고기를 만들고 그에 맞게 유자청을 넣은 샐러드를 곁들여내면 손님맞이 한상차림으로 해도 손색없을 거예요.

tip 1 돼지고기는 단백질이나 무기질, 비타민 등 영양가가 높아요. 특히 비타민B1은 쌀을 주식으로 하는 밥상에 꼭 필요해요.

tip 2 여름철에 오이를 사용하다 남으면 오이즙을 내서 냉동 보관해 놓으세요. 양념을 할 때 섞으면 상큼한 오이향이 불고기맛을 더해줍니다.

tip 3 샐러드용 채소는 씻어 먹기 좋게 자른 다음 체에 받쳐 냉장고에 30분 정도 넣었다가 내놓으세요. 식감이 아삭아삭해져요.

준비해요

주재료

불고기 재료
- 돼지고기(목살) 600g
- 오이즙 3큰술(또는 오이 1/2개)
- 양파즙 2큰술(또는 양파 1/2개)
- 냉이 100g(생략 가능)

샐러드 재료
- 제철 채소 50g씩 (영양부추, 양파, 치커리 등)

양념 재료

고기 양념
- 고추장 2큰술, 고춧가루 1큰술
- 한식간장 2큰술
- 설탕 1큰술, 생강즙 1/2큰술
- 다진 마늘 2큰술
- 유자청 1큰술
- 참기름 1큰술, 통깨 1큰술

유자청 소스
- 한식간장 2큰술, 식초 2큰술
- 설탕 1큰술, 유자청 1큰술

재료를 손질해요

+ 불고기를 다듬어요.
- 돼지고기 목살을 먹기 좋은 크기로 썰어 오이즙, 양파즙으로 밑간해요.
- 냉이는 다듬어 살짝 데친 다음 꼭 짜 놓으세요.
- 양파는 굵게 채썰어 놓으세요.
- 고기 양념을 모두 섞으세요.

+ 샐러드를 다듬어요.
- 영양부추와 치커리는 씻어 5cm 길이로 자르세요.
- 양파는 위아래를 조금씩 잘라내고 5cm 길이로 채썰어 찬물에 담가 매운맛을 빼놓으세요.

+ 유자청 소스 재료를 모두 섞어놓으세요.

이렇게 조리해요

1 밑간한 고기에 양념을 조금 남기고 잘 버무려놓으세요.

2 나머지 양념으로 냉이를 무쳐요.

3 달군 팬에 기름을 두른 다음 양파와 양념한 고기를 먼저 볶아요.

4 고기가 거의 익을 무렵 냉이를 넣고 같이 볶으세요.

5 참기름과 통깨를 뿌려 접시에 담아요.

6 샐러드 채소에 유자청 소스를 넣고 버무려 불고기와 함께 냅니다.

좀더 쉽게

샐러드 만들기가 번거롭다면 상추나 깻잎 등 쌈채소를 곁들여내세요.

좀더 다양하게

돼지고기를 이용한 요리는 음식에 알맞은 부위를 잘 선택하는 게 중요해요. 가격이 좀더 저렴하고 담백한 앞다리살도 불고기용으로는 좋아요.

좀더 특별하게

3~4월 봄철에는 냉이뿐 아니라 풋마늘을 넣어보세요. 향도 좋고 기운도 나게 하지만 돼지고기의 누린내도 없애줍니다.

오징어 한 마리로 만드는 요리

통오징어구이

오징어를 통으로 이용해 보기에도 먹음직스러운 요리예요. 또 어린잎 채소를 함께 곁들여 단백질과 비타민을 고루 섭취할 수 있어요.

tip 1 고추장을 넣은 요리는 양념이 타기 쉬워요. 중불에서 익히다가 잠깐 센 불로 오징어를 돌려가며 익히도록 하세요. 그래야 고루 양념이 묻어 맛도 좋아지고 윤기가 그대로 남아요.

tip 2 오징어에 가위집을 넣으면 오징어의 껍질과 속살이 대비되어 보기에도 먹음직스럽고 양념도 고루 배어요.

준비해요

주재료(4인분)

- 오징어 2마리
- 포도씨유 약간

- 실파 1줄기
- 통깨 약간
- 어린잎 채소 50g

구이양념 재료

- 고추장 2큰술
- 고춧가루 2작은술
- 한식간장 1작은술
- 설탕 1작은술
- 매실청 1큰술
- 조청 2큰술
- 다진 마늘 1작은술
- 향즙 3큰술
- 참기름 1작은술
- 후춧가루 약간

 재료를 손질해요

+ 오징어는 너무 크지 않은 것으로 구입하여 배를 가르지 말고 몸통과 다리를 분리한 다음 내장을 잘라내고 씻어 놓으세요.

+ 오징어의 몸통 양쪽에 1cm 간격으로 가위집을 넣어요.

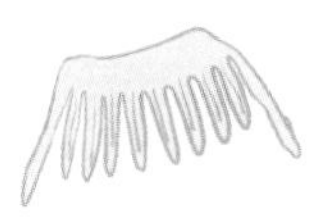

+ 오징어 다리는 넓게 펼치고 안쪽에 칼집을 넣어요.

+ 양념장을 모두 섞고 오징어를 버무려 놓아요.

이렇게 조리해요

1 두꺼운 냄비에 기름을 살짝 두르고 오징어를 넣으세요.

2 뚜껑을 덮고 중불에서 익혀요.

3 뚜껑을 열고 익었으면 오징어를 한 번 뒤집어 익힌 다음 꺼내세요.

4 접시에 모양나게 담고 실파를 송송 썰어 통깨와 함께 위에 살짝 뿌리세요.

5 어린잎 채소를 곁들여요.

6 부추나 참나물 등 채소를 3~4cm 길이로 잘라 오징어 양념에 살짝 묻혀 함께 곁들여도 좋아요.

좀더 쉽게

향즙은 미리 만들어서 냉동 보관하면 간편하게 쓸 수 있어요. 향즙 대신 마늘과 양파즙, 과일즙을 넣으면 음식맛이 좋아져요.

좀더 알아보아요

오징어볶음에 단맛을 내는 양념은 여러 가지가 있어요. 설탕은 깔끔한 단맛을, 조청은 깊은 단맛과 윤기를 더해주지요. 매실청의 경우 오징어의 비린맛을 줄여주고 새콤한 매실향을 곁들일 수 있어요.

쫀득쫀득한 맛이 일품인

코다리양념구이

코다리는 명태의 내장을 제거하고 꾸덕꾸덕하게 말린 것을 말해요. 코다리구이는 명태의 담백한 맛에 매콤한 양념을 더해 맛을 배가해주지요.

tip 1 생선이나 해물의 비린맛을 없애려면 향즙이나 생강술을 약간 뿌려두어야 합니다. 이 과정을 빠뜨리지 않도록 하세요.

tip 2 코다리는 배를 가르고 세장 뜨기를 해야 아이들뿐 아니라 누구나 먹기가 좋아요. 세장 뜨기가 어렵다면 토막을 내서 해주세요.

준비해요

주재료

- 코다리 2마리
- 향즙(또는 생강술) 2큰술
- 소금 · 후춧가루 약간씩
- 녹말가루 2큰술
- 포도씨유 적당량

- 청홍고추 1개씩
- 참기름 · 통깨 · 실파 약간씩

구이양념 재료

- 고추장 3큰술
- 고춧가루 1큰술
- 한식간장 1/2큰술
- 생강즙 1작은술
- 다진 마늘 1작은술
- 다진 파 1큰술
- 조청(또는 올리고당) 1큰술
- 설탕 1/2큰술
- 청주 2큰술
- 다시마물 5큰술

재료를 손질해요

+ 코다리는 배를 가르고 세장 뜨기해 놓으세요.

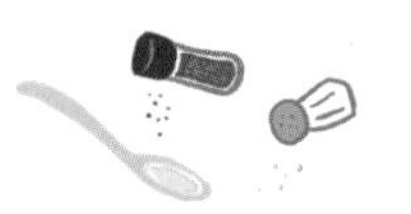

+ 코다리에 향즙, 소금, 후춧가루를 약간 뿌려놓으세요.

+ 청홍고추는 2~3cm 길이로 어슷썰기 해 놓아요.

+ 구이양념 재료를 모두 섞어놓으세요.

이렇게 조리해요

1 밑간해 놓은 코다리에 녹말가루를 앞뒤로 묻힌 다음 기름에 지져 내세요.

2 팬에 양념장 재료를 넣고 살짝 끓이세요.

3 지져놓은 코다리에 양념을 발라 앞뒤로 뒤집으며 윤기나게 조려요.

4 양념이 배어들면 청홍고추와 참기름을 넣어요.

5 접시에 담아 통깨와 실파를 송송 썰어 고명으로 장식합니다.

좀더 쉽게

끓인 양념장에 조리지 않고 지져낸 코다리 위에 양념장을 뿌려 먹어도 좋아요.

좀더 특별하게

같은 방법으로 삼치나 가자미 등 생물 생선을 가지고 만들어도 좋아요. 특히 가자미는 반건조된 것으로 해도 맛있어요.

좀더 알아보아요

명태는 필수아미노산이 풍부한 식재료예요. 특히 칼슘과 비타민 A를 다량 함유하고 있어 성장과 두뇌 발달에 효과적이에요.

밥반찬으로도 건강간식으로도 만점

코다리강정

강정은 닭고기, 코다리, 표고버섯과 같은 재료에 전분을 묻혀 기름에 튀긴 후 양념장에 조린 음식을 말해요. 코다리를 재료로 강정을 만들어 바삭하고 달콤한 맛을 더해보세요.

tip 1 코다리강정은 통째보다는 세장 뜨기를 한 다음 토막을 내어 요리하면 먹기가 훨씬 좋아요.

tip 2 코다리를 튀기고 나면 기름이 많이 남아 처리가 곤란할 수 있어요. 이럴 때는 팬에 기름을 넉넉하게 두르고 바삭하게 튀기듯 구워내서 만들어도 괜찮아요.

준비해요

주재료

- 코다리 2마리
- 소금 · 후춧가루 약간씩
- 생강술(또는 청주) 약간
- 전분 1/2컵
- 튀김기름(분량껏)

- 땅콩 10알
- 참기름 약간

강정양념 재료

- 고추장 2큰술
- 고춧가루 1/2큰술
- 간장 1큰술
- 설탕 1큰술
- 청주 1큰술
- 향즙(또는 양파즙) 2큰술
- 조청 2큰술
- 물 2큰술

재료를 손질해요

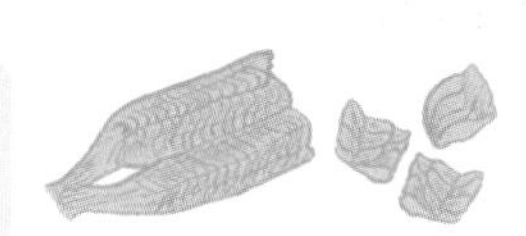

+ 코다리는 배를 가르고 세장 뜨기를 한 다음 먹기 좋은 크기로 토막 내요.

+ 생강술이나 청주를 살짝 뿌리고 소금과 후춧가루로 밑간한 다음 30분 정도 두어요.

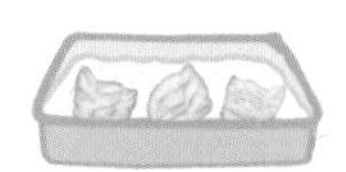

+ 코다리에 전분을 고루 묻혀 놓으세요.

+ 강정양념 재료를 모두 섞어놓으세요.

+ 땅콩은 껍질을 벗기고 반으로 갈라놓으세요.

이렇게 조리해요

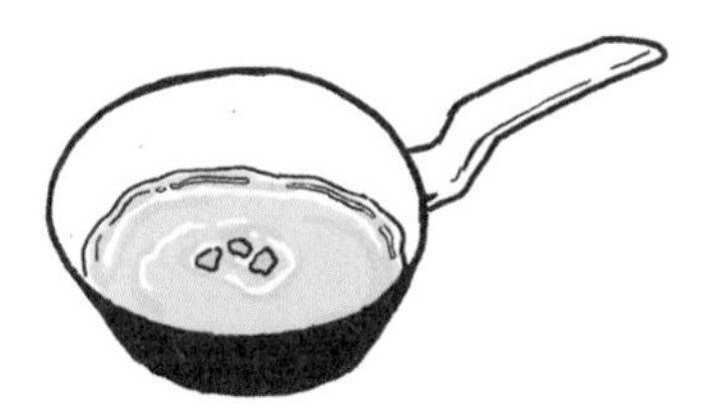

1 기름이 170도 정도 되는지 확인하세요. 튀김 재료를 조금 넣어보아 중간쯤에서 떠오르면 적당한 온도예요.

2 전분을 고르게 묻힌 코다리를 넣으세요.

3 코다리가 노릇하게 튀겨져 떠오르면 건져내세요.

4 둥근 팬에 양념장을 넣고 바글바글 끓이세요.

5 양념장이 걸쭉해지면 땅콩과 튀겨놓은 코다리를 넣고 골고루 섞으세요.

6 접시에 담아내기 전에 참기름 한 방울을 넣고 섞으세요.

좀더 쉽게

비닐팩에 코다리와 전분을 함께 넣고 흔들어주면 전분을 골고루 묻힐 수도 있고, 주변도 지저분해지지 않아요.

좀더 특별하게

양념을 할 때 고춧가루 대신 케첩을 넣으면 맵지 않아 어린아이들이 먹기 좋아요.

좀더 다양하게

코다리 대신 황태를 물에 살짝 씻은 다음 찢어서 같은 방법으로 만들어도 맛있어요. 이때 황태의 잔가시를 잘 발라내야 해요.

찜처럼 찌개처럼 만드는

닭고기김치찜

닭볶음탕보다는 김치찌개처럼 얼큰한 국물을 즐길 수 있는 요리예요. 반찬으로도 좋고, 술안주로도 넉넉해요.

tip 1 닭요리를 할 때 닭 내장 부위에 있는 핏덩어리를 깔끔하게 제거해야 해요. 그래야 닭 누린내를 없앨 수 있어요.

tip 2 닭은 가슴살이나 닭다리살 등 부위별로 끓이는 것보다 한 마리를 통째로 혹은 토막 내어 사용해야 국물의 깊은 맛을 낼 수 있어요.

tip 3 미리 만들어 숙성시켜놓은 고기볶음용 양념고추장이 있다면 사용하세요. 이 요리에도 잘 어울려요.

준비해요

주재료

- 닭 1마리(1kg)
- 묵은지 1/2포기

- 청고추 2~3개
- 통깨 약간

찜양념 재료

- 고추장 2큰술
- 고춧가루 2큰술(가감)
- 청주(또는 맛술) 3큰술
- 마늘 1큰술
- 설탕 1작은술
- 매실청 1큰술
- 생강 1쪽
- 대파 1대

재료를 손질해요

+ 닭은 기름과 핏덩어리를 제거하고 깨끗하게 씻어요. 배를 갈라서 통으로 쓰거나 먹기 좋게 토막을 내어 쓰세요.

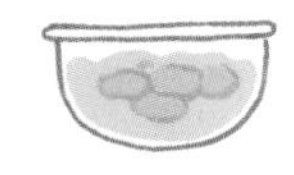

+ 끓는 물에 닭고기를 데쳐낸 다음 찬물에 헹궈요. 이 과정을 빠뜨리지 마세요.

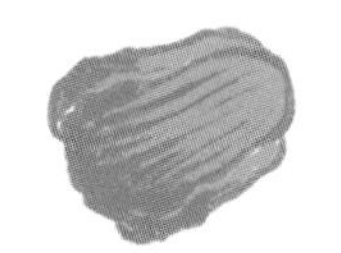

+ 묵은지 1/2포기의 속을 모두 털어내세요.

+ 찜양념 재료를 모두 섞어놓아요.

이렇게 조리해요

1 냄비에 닭고기를 안치고 찜양념을 올리세요.

2 그 위에 묵은지를 통째로 놓고 물을 잠길 정도로 부어요.

3 처음에는 센 불에 끓이다가 중불로 낮춰 묵은지가 익을 때까지 뭉근히 끓이세요. 이때 맛이 배도록 국물을 끼얹어주세요.

4 간이 배도록 물이 졸아들었다 싶으면 대파와 채썬 청고추를 고명으로 올리고 한소끔 더 끓이세요.

5 묵은지 뿌리 쪽은 잘라내고 큰 접시에 보기 좋게 담고 통깨를 뿌려주세요.

6 묵은지 옆으로 닭고기를 가지런히 담아내세요. 국물까지 함께 곁들여 내세요.

좀더 다양하게

닭고기김치찜 대신 고등어김치찜, 돼지고기 사태를 이용한 돼지고기김치찜으로도 응용해보세요.

좀더 맛있게

끓일 때 물 대신 멸치다시마육수나 채수를 넣으면 훨씬 깊은 맛을 낼 수 있어요.

좀더 알아보아요

고추장으로 양념장을 만들 때 더 매운맛을 원하면 고춧가루와 마늘을 같이 좀더 넣어보세요. 두 맛이 어우러져 더 강한 매운맛을 낸답니다.

건강하고 맛있는 야식으로

순대볶음

순대는 그냥 먹어도 맛있지만 다양한 채소를 넣고 볶아 먹으면 더 맛있지요. 넉넉하게 채소를 넣고 매콤하게 볶아내는 순대볶음은 한 끼 식사로, 야식 대용으로, 술안주로도 좋아요.

tip 1 순대를 향신기름에 먼저 볶아주면 냄새를 없애고 쫄깃한 식감이 생겨요. 또 진공 포장된 냉장 순대를 쓸 때는 데우지 않은 상태로 해야 부서지지 않아요.

tip 2 당면이나 라면 사리, 쫄면 등을 넣어 볶아도 좋아요. 당면이나 쫄면은 물에 30분 정도 불렸다가 물기를 뺀 다음 조리해요.

tip 3 깻잎이 듬뿍 들어가야 맛있어요. 이때 깻잎은 마지막에 넣어야 질겨지지 않고 향도 살아 있게 돼요.

준비해요

주재료

- 순대 200g
- 양파 1/2개
- 대파 1/2대
- 당근 1/6개
- 양배추 3장
- 청양고추 2개
- 떡볶이떡 5개
- 깻잎 20장
- 들깻가루 2큰술
- 포도씨유 2큰술

볶음양념 재료

- 고추장 1큰술
- 한식간장 1/2큰술
- 고춧가루 2큰술
- 다진 마늘 1큰술
- 생강술(또는 청주) 1큰술
- 설탕 1큰술
- 매실청 1큰술(생략 가능)
- 들기름 1큰술
- 후춧가루 약간

재료를 손질해요

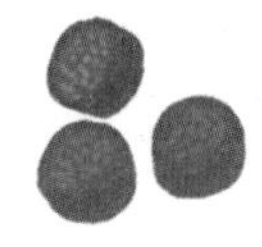

+ 순대는 2cm 두께로 도톰하게 썰어요.

+ 양파, 당근, 양배추, 깻잎, 청양고추는 굵게 채썰어 놓아요. 대파는 어슷썰기하세요.

+ 떡은 뜨거운 물을 부어 부드럽게 해놓으세요.

+ 볶음양념 재료를 분량대로 섞어놓아요.

이렇게 조리해요

1 달군 팬에 기름을 두르고 어슷썰기한 대파를 넣고 볶아 향신기름을 만들어요.

2 순대를 넣고 지지듯이 굽다가 소주를 뿌려 잡내를 날린 다음 다시 한번 구우세요.

3 볶아놓은 순대는 다른 그릇에 담아놓아요.

4 순대를 볶아낸 팬에 양파와 당근, 양배추를 넣고 볶다가 채소가 반 정도 익었다 싶으면 떡을 넣어 부드러워질 때까지 볶으세요.

5 순대와 양념장을 넣고 버무린 다음 깻잎과 들깻가루를 뿌려 마무리해요.

좀더 쉽게

밥통에 순대를 넣고 취사 버튼을 눌러놓아도 적당히 노릇하게 구워져요. 또 대파나 양파를 굵게 채썰어 깔고 물을 넣지 않고 구워내면 잡내도 없고 기름기도 적어 담백하게 즐길 수 있어요.

좀더 다양하게

양념에서 고추장과 고춧가루를 뺀 다음 볶아주면 백순대볶음을 즐길 수 있어요. 먹을 때 초고추장에 다진 마늘과 들깻가루, 들기름을 넣어 만드는 고추장 소스를 찍어 먹어도 좋아요.

좀더 알아보아요

찹쌀, 당면 등을 넣은 순대는 식사 대용으로도 좋아요. 특히 선지가 들어가 철분의 공급원이 되니 어린아이나 여성들에게 특히 좋은 영양식품이기도 해요.

동양과 서양의 맛을 한 그릇에 담아내는

해물고추장파스타

즐겨먹는 파스타에 고추장을 더해 느끼하지 않게 즐길 수 있어요. 또한 토마토가 고추장과 잘 어우러져 풍미를 한껏 더해준답니다.

tip 1 오징어는 다리를 떼어낸 다음 안쪽으로 손을 넣어 내장을 빼내고 씻어서 사용하세요.

tip 2 오징어 껍질은 미끄러우므로 마른 행주로 살살 밀거나 굵은 소금을 묻혀 벗기세요.

tip 3 파스타 삶은 물인 면수는 녹말이 녹아 있는 소금물이 되어 농도와 간을 조절하면서 면과 소스가 잘 어우러지게 합니다.

준비해요

주재료

재료 1
- 스파게티 200g(2인분)
- 올리브유 2큰술

재료 2
- 오징어 1마리
  (또는 베이컨이나 새우로 대체)
- 양송이버섯
  (또는 애기새송이버섯) 4개
- 피망(또는 청경채) 1개
- 양파 1/2개(100g)
- 마늘 20g

- 파마산치즈가루
- 파슬리가루

고추장 파스타 소스 재료
- 고추장 3큰술
- 토마토 퓨레 1컵
- 설탕 1/2큰술
- 후춧가루 1/2작은술
- 월계수 잎 2장
- 파스타 삶은 물(면수) 2컵

재료를 손질해요

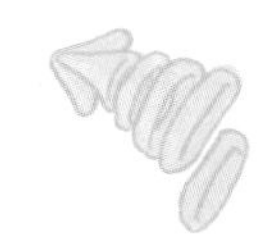

+ 오징어를 1cm 두께의 링 모양으로 썰어요.

+ 양송이버섯은 편썰어 놓아요.

+ 피망이나 파프리카는 4cm 정도로 굵게 썰어놓아요.

+ 양파와 마늘을 다져놓으세요.

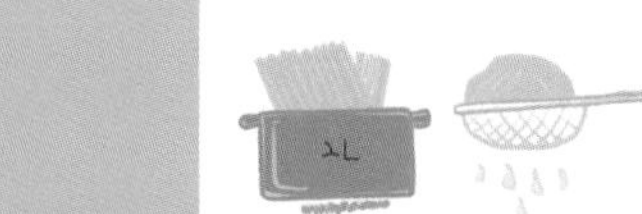

+ 물 2L에 소금 1큰술을 넣고 파스타를 8분 정도 삶으세요. 삶은 파스타를 바로 체에 받쳐 물기를 뺀 다음 올리브유에 버무려놓습니다.

이렇게 조리해요

1 달군 팬에 올리브유를 두르고, 양파를 먼저 볶다가 바로 마늘까지 넣어 향을 냅니다.

2 마늘, 양파가 투명해지면 오징어와 양송이버섯, 피망을 넣고 볶습니다.

3 고추장 소스와 면수를 넣고 중불에서 끓이다가 파스타를 넣고 섞은 다음 농도에 맞게 익힙니다.

4 접시에 파스타를 담고 그 위로 파마산치즈와 파슬리가루로 장식하세요.

좀더 특별하게

잘 익은 토마토 껍질과 씨를 없애고 갈아서 조려놓은 토마토 퓨레를 사용해도 좋지만 제철에는 완숙 토마토로 만들면 더 좋아요.

좀더 알아보아요 1

토마토는 라이코펜뿐 아니라 비타민, 단백질 등 여러 영양소가 많아 건강한 식재료로 사용하면 좋아요. 특히 익혀 먹을수록 흡수율도 높아져요.

좀더 알아보아요 2

듀럼 세몰리나 밀로 만든 서양 국수를 통털어 파스타라고 해요. 여러 종류와 명칭이 있고, 스파게티도 그중 하나랍니다.

느끼하지 않아 더 맛있게 즐길 수 있는

햄버그스테이크

햄버그스테이크는 맛있기도 하지만 영양소가 골고루 들어가 한 끼 식사로도 충분한 요리예요. 고추장으로 좀더 색다른 맛을 즐기세요.

tip 1 고기는 꼭 핏물을 제거해야 누린내가 나지 않아요. 느끼한 맛을 잡고 싶을 때는 청양고추를 넣으세요.

tip 2 고기는 오래 치댈수록 결이 곱고 갈라지지 않아요.

tip 3 패티는 굽기 전에 가운데를 살짝 눌러주세요. 고기가 익으면 부풀어올라 두꺼워지는데 위로 볼록해지지 않고 모양이 잡혀요.

준비해요

주재료

- 다진 소고기 300g
- 다진 돼지고기 200g
- 양파 1개(200g)
- 다진 마늘 3큰술

패티 양념

- 설탕 1큰술, 빵가루 1/2컵
- 우유 3큰술, 달걀 1개
- 고추장 1작은술
- 후춧가루 1/2작은술
- 참기름 1작은술

- 가니쉬
  (방울토마토, 애호박, 느타리버섯)

고추장 소스 재료

- 채썬 양파 100g
- 마늘 7~8쪽
- 고추장 1큰술
- 토마토케첩 2큰술
- 설탕 1큰술, 유자청 2큰술
- 청양고추 2~3개
- 후춧가루 약간
- 식초 1큰술(가감), 물 1/2컵

재료를 손질해요

+ 패티를 만들어요

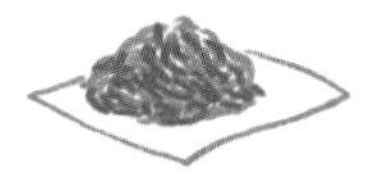

- 소고기와 돼지고기를 갈거나 곱게 다져 키친타월에 올려 핏물을 제거해요.

- 양파와 마늘은 곱게 다져요.
- 빵가루가 촉촉해질 정도로 우유에 불려요.

+ 소스에 들어갈 양파는 채썰고, 마늘은 편썰고, 청양고추는 동글썰기해요.

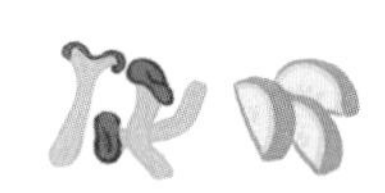

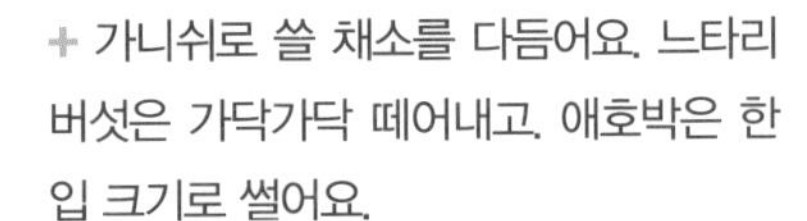

+ 가니쉬로 쓸 채소를 다듬어요. 느타리버섯은 가닥가닥 떼어내고, 애호박은 한 입 크기로 썰어요.

+ 가니쉬를 구워요. 팬에 기름을 두르고 토마토를 먼저, 느타리버섯과 애호박은 소금, 후춧가루를 살짝 뿌려 구워놓아요.

이렇게 조리해요

1 달군 팬에 버터를 넣고 양파와 마늘을 볶은 다음 식혀 두세요.

2 **패티 성형하기** 다진 고기에 설탕을 넣고 버무린 다음 볶은 양파와 마늘, 불린 빵가루, 달걀, 고추장, 후춧가루, 참기름을 넣고 잘 섞으세요.

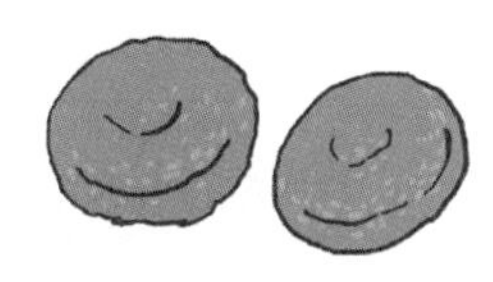

3 양념된 고기를 매끈해지도록 120~130g 정도로 떼어 동그스름하게 빚어내세요.

4 **소스 만들기** 팬에 기름을 두르고 다진 양파와 편 마늘을 볶아 향을 낸 다음 청양고추, 나머지 소스 재료를 넣고 살짝 끓이세요.

5 **패티 익히기** 기름을 살짝 두른 팬에 중불에 고기를 노릇하게 앞뒤로 구운 다음 뚜껑을 덮고 약불로 속까지 잘 익히세요. (190도 예열 오븐에서 20~30분 구워도 됩니다.)

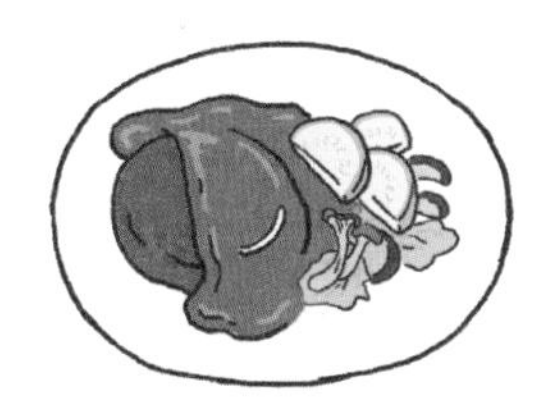

6 접시에 햄버그스테이크를 담고, 가니쉬로 장식한 다음 고추장 소스를 뿌려서 내세요.

좀더 쉽게

고기 500g은 120g짜리 패티 6개 분량이지요. 넉넉히 만들어 패티 사이에 종이호일이나 비닐을 끼우고 밀폐용기에 담아 냉동 보관했다가 사용하세요.

좀더 다양하게

달걀 프라이나 치즈를 한 장 곁들이면 단백질도 섭취할 수 있어 더 좋아요.

좀더 알아보아요

가니쉬란 음식의 외형이 돋보이도록 곁들이는 것을 말해요. 고기 요리의 경우 주로 익힌 채소를 곁들여요. 콜리플라워나 브로콜리, 가지, 생표고버섯, 양송이버섯 등 다양하게 선택하면 좋아요.

영양이 듬뿍 들어간 나들이도시락

햄버거샌드위치

넉넉하게 만들어놓은 햄버그스테이크를 이용해 햄버거샌드위치도 만들 수 있어요. 나들이 도시락으로 만들면 고추장 소스가 들어가 특별한 맛을 더해줄 거예요.

tip 1 빵에 채소의 수분이 배어들지 않도록 빵 안쪽에 버터를 얇게 발라주세요. 채소는 다듬어 씻은 다음 물기를 잘 제거합니다.

tip 2 냉동 보관한 패티를 쓸 때는 팬에 물을 조금 붓고 약불로 익히세요. 이때 뚜껑을 꼭 덮어야 합니다.

tip 3 샌드위치를 너무 두툼하게 만들면 먹기 어려울 수 있어요. 어린아이들이 먹을 때는 모닝빵으로 작게 만들면 먹기 좋아요.

준비해요

주재료

- 햄버거빵 2개
- 패티 2장
- 슬라이스치즈 2장
- 양상추잎(또는 로메인) 2장
- 양파 1개(또는 양파링 4개)
- 토마토 1개
- 오이피클 적당량

- 고추장 소스(토마토 소스) 약간
- 허니머스터드 (또는 홀그레인머스터드) 약간

고추장 소스 재료

- 고추장 2큰술
- 토마토케첩 4큰술
- 한식간장 2작은술
- 설탕 1큰술
- 조청 1큰술
- 다진 마늘 2작은술
- 물 2큰술

재료를 손질해요

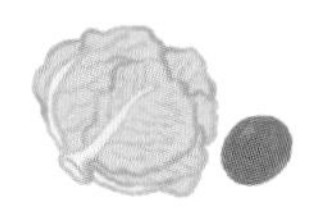

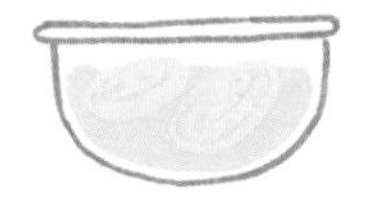

+ 채소를 준비해요.
  - 양상추와 토마토는 씻어 물기를 제거해요.
  - 양상추는 빵 크기로 뜯어놓고, 토마토는 가로로 0.8~1cm 두께로 잘라요.
  - 양파도 링으로 잘라 찬물에 담가 매운 맛을 뺀 다음 물기를 없애놓으세요.

+ 햄버거빵은 반을 갈라 마른 프라이팬에 살짝 구워내세요.

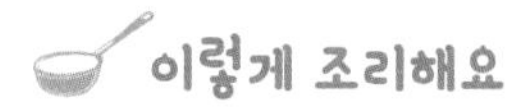

1 고추장 소스 재료를 분량대로 섞어서 살짝 끓이세요.

2 패티를 속까지 익도록 타지 않게 중약불에서 구워요

3 빵 한 면에는 허니머스터드를, 또다른 한 면에는 고추장 소스를 발라요.

4 빵 위에 양상추, 토마토, 패티, 슬라이스 치즈, 오이피클을 얹고 나머지 빵 한쪽을 덮으세요.

좀더 쉽게

패티 이외에 들어갈 샌드위치 속 재료는 다양한 식재료로 쉽게 만들어 보세요.

좀더 다양하게

햄버거빵 대신 식빵이나 잉글리시머핀, 파니니빵 등 다양한 맛을 이용해 색다르게 즐겨보세요.

좀더 특별하게

기호에 따라 소스를 다르게 해보세요. 허니머스터드를 홀그레인 머스터드 등으로 바꾸는 등 여러 가지 소스를 사용해봅니다.

미트로프

미트로프는 고기식빵이라는 뜻으로 갈은 고기에 채소를 듬뿍 다져넣고 식빵 모양으로 만들어서 오븐에 구워내는 요리예요. 고추장 풍미 소스를 곁들여 건강하고 맛있는 고기요리를 만들 수 있어요.

tip 1 미트로프에 들어가는 채소는 되도록 곱게 다지세요. 싫어하는 채소도 먹기 쉽게 할 수 있어요.

tip 2 고기 반죽을 할 때 많이 치댈수록 부드러운 미트로프 결을 만들 수 있어요. 그러면 어린아이나 노약자도 쉽게 고기를 섭취할 수 있어요.

tip 3 고기 반죽의 공기를 충분히 빼야 미트로프를 자를 때 부서지지 않아요.

준비해요

주재료

- 돼지고기 간 것 500g
- 달걀 1개, 식빵 1장
- 당근 100g(작은 것 1개)
- 양파 100g(중간크기 1/2개)
- 돌미나리 30g(5~6줄기)
- 청양고추 2개

양념 재료

고기 반죽 양념
- 소금 2작은술
- 후춧가루 1/2큰술
- 다진 마늘 1큰술

바비큐 양념
- 고추장 1큰술, 토마토케첩 1/2컵
- 현미식초 1/2컵, 흑설탕 1/4컵
- 올리고당 1/4컵
- 후춧가루 1/2작은술
- 다진 양파 1큰술
- 다진 마늘 1큰술

재료를 손질해요

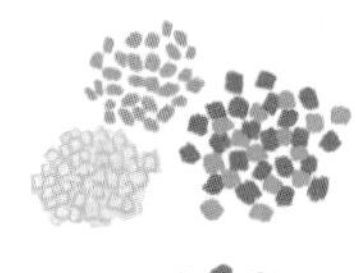

+ 당근과 양파, 청양고추는 곱게 다져요.
+ 돌미나리는 잘게 송송 썰어요.

+ 바비큐 양념 재료를 모두 섞어 걸쭉해질 때까지 끓여두세요.

+ 달걀 1개를 풀어 식빵 1장을 적시고 충분히 불린 다음 주물러서 으깨놓으세요.

+ 갈은 돼지고기에 소금, 후춧가루, 다진 마늘을 넣고 양념해 놓으세요.

이렇게 조리해요

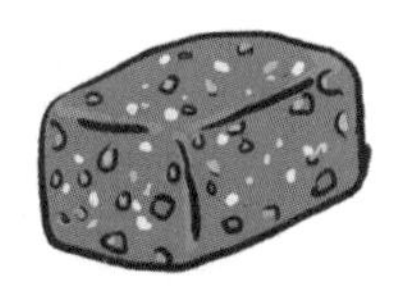

1 양념한 돼지고기에 달걀물에 불린 식빵을 넣고 섞어 주세요.

2 고기 반죽에 당근과 양파, 청양고추, 미나리를 넣고 섞은 다음 여러 번 치대세요.

3 고기 반죽을 뭉쳐 믹싱볼을 내리치듯이 던져 공기를 뺀 다음 식빵처럼 모양을 만드세요.

4 오븐 팬에 유산지나 망을 깔고 미트로프 반죽을 올린 다음 바비큐 양념을 바르세요.

5 220도로 예열된 오븐에 넣고 15분 구운 다음 뒤집어서 다시 한번 바비큐 양념을 바르세요.

6 다시 오븐에 10~15분 정도 더 구워 접시에 담아내세요.

좀더 다양하게

버섯이나 연근을 다져넣으면 고기와도 잘 어울리고 건강에도 좋아요.

좀더 특별하게

풋마늘을 다져넣으면 색다른 단맛을 즐길 수 있어요. 마늘종이나 대파, 셀러리를 넣어도 각각 색다른 풍미를 느끼게 해줍니다.

좀더 알아보아요

미트로프는 미국의 대표적 가정식이라 할 수 있어요. 원래 소고기에 당근, 셀러리, 양파를 듬뿍 넣고 만들지요.

건강한 육포를 만들어보자

고추장육포

매콤한 맛의 육포는 누구나 좋아하는 간식이자 술안주이지요. 방부제나 산화방지제 등 식품첨가물이 없는 건강한 육포를 만들어요.

tip 1 육포는 만드는 과정이 쉽지 않아요. 만들 때 넉넉하게 만들어 냉동 보관했다가 먹으면 좋아요.

tip 2 고기의 핏물을 잘 빼야 육포에서 누린내가 나지 않아요. 소고기에 설탕을 약간 뿌려두면 핏물이 잘 빠져요.

tip 3 육포는 꾸덕꾸덕해질 정도로 말려야 부드러운 상태에서 먹을 수 있어요. 햇빛보다는 바람이 잘 통하는 곳에서 말리세요.

준비해요

주재료

- 홍두깨살 600g

다시마물
- 물 1L
- 다시마(10×10cm) 1장
- 청주 1컵

- 실파 1줄

육포양념 재료

- 한식간장 1큰술
- 고추장 3큰술(가감)
- 청주 1큰술, 맛즙 4큰술
- 설탕 2큰술, 꿀 2큰술
- 굵은 후춧가루 1작은술

맛즙 재료
- 양파 1/4개, 배 1/4개
- 생강 15g, 마늘 15g
- 건청양고추 3개
- 고추씨 3큰술
- 황기, 파뿌리, 인삼뿌리 적당량
- 통후춧가루 1작은술

재료를 손질해요

+ 소고기는 기름기 없는 홍두깨살이나 우둔살을 4~5mm 두께로 썰어요.

+ 물과 다시마를 넣고 끓인 다음 식힌 상태에서 청주를 넣어요. 거기에 소고기를 한 장씩 떼어넣고 2~3시간 정도 핏물을 빼세요.

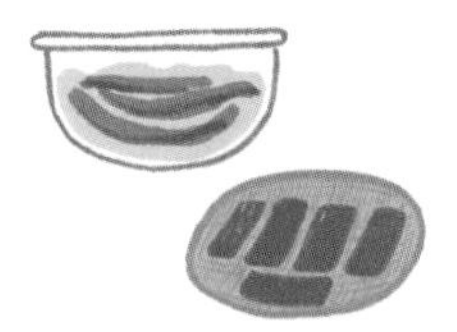

+ 피가 빠졌는지 확인한 다음 소쿠리에 건져 물기를 빼세요. 그리고 면보로 핏물을 깨끗하게 제거해주세요.

+ 맛즙 재료에 2배의 물을 넣고 자작할 때까지 끓인 다음 걸러내세요.

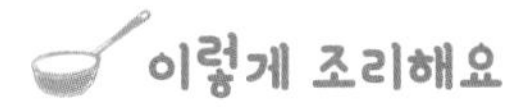

1 꿀을 뺀 육포양념 재료를 모두 섞고 끓이다가 불을 끄세요. 남은 꿀을 넣고 마저 식혀주세요.

2 양념장에 고기를 한 장씩 담그며 양념이 잘 스며들 때까지 주물러요.

3 2시간 이상 재워 양념이 더 배어들도록 하세요. 반나절 이상 재워두면 양념이 골고루 잘 배어 색이 균일해지고, 맛도 좋아져요.

4 넓은 채반에 고기를 잘 펴서 바람이 통하는 곳에서 말려요.

5 겉면을 살펴 꾸덕꾸덕해졌으면 뒤집어서 말리세요. 뒤집은 겉면이 꾸덕꾸덕해지면 완성이에요.

6 육포를 먹을 때는 참기름을 아주 살짝 발라 구운 다음 찢어놓으세요.

좀더 쉽게

고기를 구입할 때 미리 4~5mm 두께로 썰어오면 쉽기도 하지만 모양도 일정해서 보기 좋은 육포가 돼요.

좀더 맛있게

맛즙을 만들 때 파인애플이나 키위, 대추 등을 넣어도 좋아요.

좀더 알아보아요

다른 맛의 육포를 만들고 싶을 때는 고추장 분량만큼 간장으로 넣어보세요. 또 완성된 육포는 진공포장하거나 랩에 한 장씩 잘 싸서 냉장 보관하세요.

면역력 향상을 위해 식탁 위에 함께

마늘고추장장아찌

간장을 재료로 한 장아찌를 새콤달콤하게 먹을 수 있다면 고추장 양념으로 매콤함을 더할 수 있어요. 두 가지를 만들어 식탁 위에 늘 함께하도록 해보세요.

tip 1 5월에 나오는 햇마늘로 알이 단단한 것을 골라요. 또 대가 약간 푸르스름하면서 불그레한 육쪽마늘이 좋아요.

tip 2 마늘의 맵고 아린 맛을 빨리 빼려면 1차 절임 식촛물을 중간에 끓여 식힌 다음 부어주세요.

tip 3 마늘을 용기에 넣었을 때 뜨지 않도록 무거운 것으로 눌러놓으세요. 또 식촛물이기 때문에 금속 뚜껑은 사용하지 마세요.

준비해요

주재료

- 깐마늘 1kg

1차 절임(식촛물)

- 현미식초 2컵
- 물 1컵

2차 절임(초간장)

- 설탕 1컵
- 한식간장 2큰술
- 청주 2큰술
- 소금 2큰술

장아찌양념 재료

- 고추장 1/2컵
- 한식간장 2큰술
- 고운 고춧가루 3큰술
- 매실청 3큰술
- 설탕 3큰술

재료를 손질해요

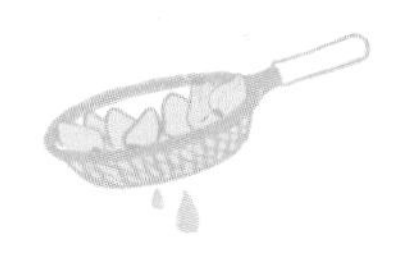

+ 마늘을 까서 씻은 다음 물기를 빼놓으세요.

+ 현미식초와 물을 섞어 마늘에 부어 1차 절임해 놓아요. 마늘 1kg에 식촛물을 3컵 이상 넣어야 마늘이 잠겨요.

+ 바람이 잘 통하고 그늘진 곳에 일주일 정도 삭혀 마늘의 아린 맛을 빼놓아요.

이렇게 조리해요

1 1차 절임해놓은 마늘을 건져내요.

2 건지고 남은 물에 2차 절임에 필요한 양념을 넣고 끓인 다음 식히세요.

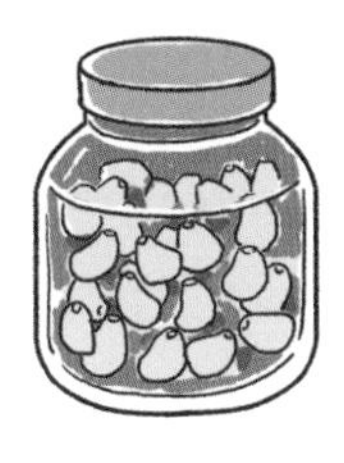

3 이 물을 병에 붓고 건져놓은 마늘도 다시 넣어 100일 정도 절여놓으세요. 마늘이 위로 뜨지 않도록 뚜껑을 눌러서 덮으세요.

4 새콤달콤한 마늘장아찌로 그냥 먹어도 되고 장아찌양념 재료를 섞은 다음 절임해놓은 마늘을 건져 버무려요.

좀더 쉽게

같은 방법으로 통마늘로 장아찌를 담그세요. 얇고 연한 껍질 두세 겹만 남긴 채 담그면 돼요.

좀더 다양하게

장아찌를 희게 만들고 싶으면 간장 대신 소금으로 하세요. 간장을 빼고 소금 4큰술을 넣으세요.

좀더 알아보아요

장아찌는 숙성하면서 생기는 유기산과 아미노산 성분으로 영양이 더 높아져요. 특히 마늘은 피로회복 등 여러 가지 면역력을 높여 장아찌로 만들면 아주 좋은 식재료 중 하나예요.

봄나물을 색다르게 즐기는 방법

취나물고추장장아찌

봄이 제철인 취나물은 칼슘도 풍부하고 해독에 좋은 채소예요. 쌈으로도 무침으로도 먹을 수 있지만 장아찌를 만들어 색다르게 즐길 수 있어요.

tip 1 고추장에 박았다가 빼는 과정을 반복해야 하는 고추장장아찌를 만들려면 재료 먼저 소금으로 간도 맞추고, 수분도 빼야 오래 보관할 수 있어요.

tip 2 물엿으로 수분을 빼내는 과정은 아주 중요해요.

tip 3 고추장에 버무린 다음 설탕을 덮어두면 숙성 중 변질되지 않아 냉장 보관해 두고 먹을 수 있어요.

준비해요

주재료

- 생취나물 1kg

1차 절임용
- 소금 300g
- 물엿 600g

장아찌양념 재료

- 고추장 1kg
- 올리고당 200g

재료를 손질해요

+ 생취나물 1kg을 깨끗하게 다듬어 씻어요.

+ 재료가 잠길 정도의 물에 소금 300g을 풀어 취나물을 3~4일 절여놓아요.

+ 잘 절여진 취나물을 씻고 물기를 빼두세요.

+ 물기 뺀 취나물에 물엿을 버무려 하룻동안 재워두세요.

이렇게 조리해요

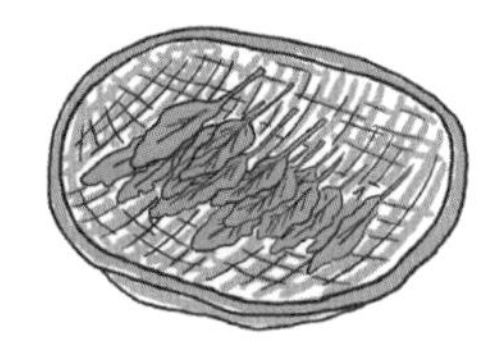

1 취나물을 주물러요. 취나물을 물엿에 하루 재우면 수분이 빠져 물엿이 물로 변해 있을 거예요.

2 취나물을 체에 받쳐 물기를 빼세요.

3 바람이 잘 통하는 곳에서 1~2일 정도 말려요.

4 말린 취나물을 고추장에 버무려놓아요.

5 두 달이 지난 후 버무려놓은 취나물을 꺼내 체에 받쳐 수분을 완전히 빼세요.

6 다시 새 고추장에 올리고당을 넣고 버무려요. 밀폐용기에 담아 냉장고에 넣어두고 먹을 때마다 갖은양념하여 먹어요.

좀더 다양하게

고들빼기나 머윗대를 같은 방법을 이용해 장아찌를 만들어도 맛있어요.

좀더 알아보아요

물엿은 식품 속 수분을 빼낼 때 쓰이는 유용한 재료예요. 취나물뿐만 아니라 오이지에도 이용해보세요. 다 익은 오이지를 건져내고 물엿을 뿌려주면 탈수가 더 되어 꼬들거리게 먹을 수 있어요. 더불어 짠맛도 줄일 수 있답니다.

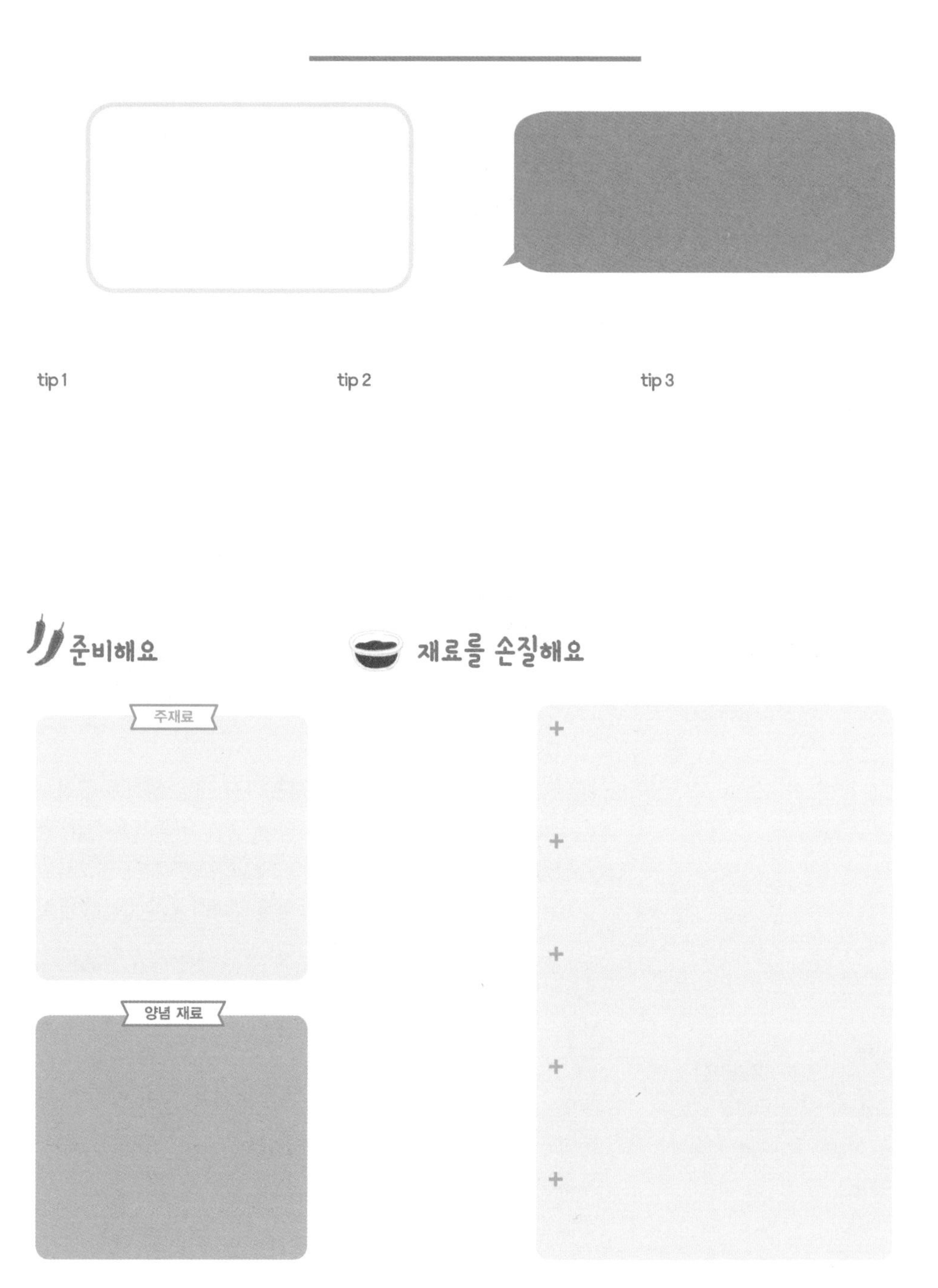
tip 1
tip 2
tip 3
준비해요
주재료
양념 재료
재료를 손질해요
+
+
+
+
+

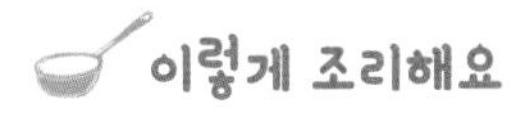

이렇게 조리해요

고추장 보관과 관리 체크 리스트

- 언제 만들었나요?
  날짜 표기 ________________ □봄 □여름 □가을 □겨울

- 만든 고추장의 종류는?

- 발효용기는 어떤 것으로 선택했나요?

- 발효용기는 어디에 두었나요?

- 발효 기간은 얼마나 잡았나요?

- 숙성 공간은 어디로 정했나요? □장독대 □베란다 □실내 □냉장고(일반냉장고, 김치냉장고)

- 매운맛은 적당한가요? 어떤 고춧가루를 사용했나요?
  □매운 청양고춧가루 혼합 □매운맛 고춧가루 □보통맛 고춧가루 □순한맛 고춧가루

- 메주 냄새는 어떤가요? □구수하니 좋다 □메주 냄새가 덜 났으면 좋겠다

- 짠맛은 어떤가요?
  1. 언제 만들었나요? (□봄 □여름 □가을 □겨울)
  2. 어디에 보관하고 있나요? □장독대 □베란다 □실내 □냉장고(일반냉장고, 김치냉장고)

- 신맛이 나나요? □난다 □나지 않는다

- 고추장에 곰팡이나 골마지가 생겼나요?
  □하얀 솜털 같은 흰곰팡이가 있어요 □허옇게 골마지가 끼었어요
  □푸른 곰팡이, 붉은 곰팡이 또는 검은 곰팡이가 피었어요

- 고추장의 농도는 어떤가요? □적당해요 □뻑뻑해요 □묽어요